PS

没那么难

—— **18** 项训练
学会 **Photoshop CC**

林蔚　金海　编著　李长虹　主审

U0260812

中国电力出版社
CHINA ELECTRIC POWER PRESS

内 容 提 要

本书摒弃传统的软件说明书式的陈述，通过 18 个经典、生动的训练任务，使读者轻松、快速地掌握 Photoshop CC 入门技能。

本书分为基础操作、核心应用和进阶修炼三大部分，基础操作部分设计了 7 个训练任务，涵盖了文档基本操作、图像大小和裁切、选区、图层、路径、文字等基础功能；核心应用部分设计了 8 个训练任务，深入讲解了图层、蒙版和通道等核心功能和应用技巧；进阶修炼部分设计了 3 个训练任务，进一步提升 PS 应用能力。

本书不仅能帮助读者轻松入门，也能应对照片的处理修饰、平面设计、特效制作等实际生活和工作的需要。本书适合初学者自学使用，同时也是企业员工培训、职业院校学生学习，以及从事职业教育与职业培训课程开发人员的实用参考书。

图书在版编目（CIP）数据

PS 没那么难：18 项训练学会 Photoshop CC / 林蔚，金海编著．—北京：中国电力出版社，2019.4（2022.1重印）

ISBN 978-7-5198-2940-7

Ⅰ．①P… Ⅱ．①林… ②金… Ⅲ．①图象处理软件 Ⅳ．① TP391.413

中国版本图书馆 CIP 数据核字（2019）第 024003 号

出版发行：中国电力出版社
地　　址：北京市东城区北京站西街 19 号（邮政编码 100005）
网　　址：http://www.cepp.sgcc.com.cn
责任编辑：杨　扬（y-y@sgcc.com.cn）
责任校对：黄　蓓　常燕昆
装帧设计：张俊霞
责任印制：杨晓东

印　　刷：河北鑫彩博图印刷有限公司
版　　次：2019 年 4 月第一版
印　　次：2022 年 1 月北京第二次印刷
开　　本：787 毫米×1092 毫米　16 开本
印　　张：16
字　　数：400 千字
印　　数：3001—4000 册
定　　价：69.00 元（含 1CD）

前言 Preface
Preface

Adobe Photoshop，简称"PS"，是 Adobe 公司旗下最为出名的图像处理软件之一，集图像扫描、编辑修改、图像制作、广告创意、图像输入与输出于一体，深受广大平面设计人员和电脑美术爱好者的喜爱。Photoshop 主要处理由像素所构成的数字图像，使用其众多的编修与绘图工具，可以有效地进行图片编辑工作。Photoshop 强大的功能在图像、图形、文字、视频、出版等各方面都有涉及，其应用领域大致包括数码照片处理、广告摄影、视觉创意、平面设计、艺术文字、建筑效果图后期修饰及网页制作等。

网络的迅速普及是促使更多的人想学习和掌握 Photoshop 的一个重要原因，因为在制作网页时，Photoshop 是必不可少的网页图像处理软件。而各种社交媒体的兴起，如微信朋友圈、微博、INSTAGRAM 等，使得图片成为我们记录生活、表达自我、传达情绪必不可少的媒介。而如今的用户对照片的要求也越来越高，大家已经不满足于"随手一拍就能拍出一张清晰不错的照片"，而是追求照片更有个性和趣味，于是越来越多的人想学习 Photoshop，也使得 Photoshop 从专业领域走向了普通大众。

传统的 Photoshop 入门教程大部分是从基础理论入手，分门别类的讲解菜单、工具和命令，而 Photoshop 的各种菜单命令十分繁琐复杂，类似于一本"软件使用说明书"，这样的教程往往因为枯燥乏味使得学习者难以维持兴趣而中途放弃。本书的不同之处在于通过一个个实用而生动的训练任务，让学习者跟着书中的操作步骤水到渠成地掌握关键技能和应用技巧。而在学习中遇到的问题也可以在书中相关知识与技能点里找到答案。此外我们更要懂得的是，对于设计或者艺术而言，Photoshop 只是一个基础工具，是实现你的设计和创意的手段，而你的设计经验、审美，乃至个人品位与你最终作品的好坏有更密切的关系。美学是一个长期积淀和积累的过程，需要方方面面的知识和修养，所以平时我们要尽可能地多看、多学习。

本书完全打破传统教材的章节框架结构，由若干个训练任务组成，其均来源于最常用的典型应用实例。本书共 18 个训练任务，分为基础操作、核心应用和进阶修炼三个部分。基础操作部分设计了 7 个训练任务，涵盖了文档基本操作、图像大小和裁切、选区、图层、路径、文字等基础功能；核心应用部分设计了 8 个训练任务，深入讲解了图层、蒙版和通道等核心功能和应用技巧；进阶修炼部分设计了 3 个训练任务，是在前面两个部分学习的基础上进行能力的提升，这个部分的任务相对来说有一定的难度。

训练任务都经过精心选择，独立、完整、目标明确且可实现，能够满足个性化的能力提升要求。每个训练任务通过示范操作、模仿练习与自主训练，不断提高运用 Photoshop 的能力。尤其是示范操作步骤翔实且图文并茂，每一步操作都有操作结果的效果状态图，使学习者在没有老师指导的情况下，也能够完成相应的学习任务。

本书光盘中提供所有任务的素材和源文件，读者可以根据源文件，结合文字详细了解每个任务的操作步骤。

本书非常适合初学者自学使用，同时也是企业员工培训、职业院校学生学习以及从事职业教育与职业培训课程开发相关人员的实用参考书。

本书由林蔚、金海编写，全书由李长虹统一审核定稿。

由于时间仓促以及编者水平有限，书中错误和不足之处在所难免，欢迎读者提出批评和建议。

编　者

目录 *Contents*

任务 1 学会 Photoshop 基本操作

使用 Photoshop 最先要做的就是新建文档，本任务学习新建文档中的一些参数设置，学会新建符合自己要求的文档，以及如何保存图片等。

 学习目标

完成本训练任务后，你应当能（够）：
- 对文档进行新建、打开、保存、关闭等操作。
- 会置入图片、会导入与导出文件。
- 掌握 Photoshop 基本知识。
- 掌握文件格式、图片分辨率、颜色模式的相关知识。

在处理已有的图像时，可以直接在 Photoshop 中打开相应的文件，如果要创建一个新的文档从头开始制作，则需要创建新文件。文档的基本操作通常有下几个步骤：

 示范操作

1. 步骤一：创建一个用于打印的文档

（1）打开 Adobe Photoshop CC 2018，打开后的界面如图 1-1 所示。

图 1-1 新建文档

（2）在打开的"新建"对话框里选择文档类别为"打印"，修改文件名为"打印文档"，这个文件名是可以自己随便命名的，可以按照文档的内容命名，也可以按照自己的喜好，方法便于自己以后查找。在空白文档预设选择"A4"纸张选项，选择完以后宽度和高度会自动设置好，这个尺寸就是标准的 A4 纸张的尺寸，设置分辨率为"300"，颜色模式为适用于印刷模式的"CMYK 颜色"，背景内容为"白色"，如图 1-2 所示。

图 1-2　设置文档信息

设置完成后点击右下角的"创建"按钮，此时出现一个新的空白文档，如图 1-3 所示。新的打印文档已经建好了，可以在文档中进行你所需要的各种操作，如图 1-3 所示。

图 1-3　新建空白文档

在 Photoshop 中创建文档时，也可以无需从空白画布开始，而是从 Adobe Stock 的各种模板中进行选择。这些模板包含资源和插图，可以在此基础上进行构建，从而完成我们所需要的操作。在新建文档对话框中，单击一个类别选项卡：照片、打印、图稿和插图、Web、移动以及胶片和视频，然后选择一个模板，如图 1-4 所示，单击查看预览可查看模板预览，如图 1-5 所示，然后可以单击"下载"使用该模板。

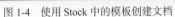

图 1-4　使用 Stock 中的模板创建文档　　　　　　　　　　图 1-5　预览模板

　　除了从 Adobe Stock 中预先选定的模板外，还可以直接通过"新建文档"对话框，搜索和下载众多其他类似的模板，点击"在 Adobe Stock 上查找更多模板"，如图 1-6 所示。

图 1-6　通过"新建文档"查找更多模板

　　Photoshop 将在新的浏览器窗口中打开 Adobe Stock 网站，以便搜索更多模板并下载最符合你项目要求的模板，如图 1-7 所示。

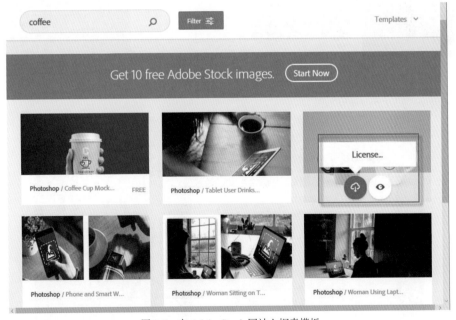

图 1-7　在 Adobe Stock 网站上探索模板

　　虽然并不推荐，但是如果习惯使用旧版本的界面，也可以禁用最新的"新建文档"体验，转为使用 Photoshop（CC 2015.5 版及早期版本）默认提供的"新建文件"体验。选择"编辑 > 首选项 > 常规"，选择使用旧版"新建文件"界面。单击"确定"，如图 1-8 所示。

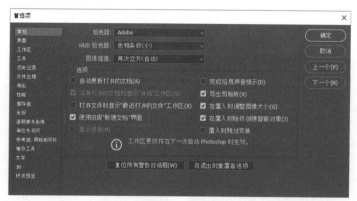

图 1-8　启用旧版"新建文件"体验

2. 步骤二：设置前景色

（1）在工具点击"前景色"面板，设置前景色为蓝色（R：0，G：183，B：238），如图 1-9 所示，然后点击"确定"键。

（2）使用前景色填充快捷键 Alt+Delete 填充画布为蓝色，也可以在执行菜单"编辑—填充"命令，在对话框选择"前景色"填充，如图 1-10 所示。

图 1-9　设置前景色

图 1-10　填充画布为蓝色

填充后的效果如图 1-11 所示。

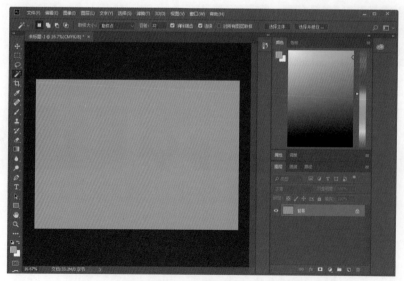

图 1-11　填充蓝色

3. 步骤三：置入文件

（1）在菜单栏执行"文件—置入"命令，如图 1-12 所示，在弹出的对话框中选择需要置入的文件即可将其置入到 Photoshop 中，用鼠标移动图片放置在画面的左侧，如图 1-13 所示。

图 1-12　置入图片

图 1-13　置入图片后

（2）再次置入 PSD 格式的文字素材到画布中，然后放置在画布的右边，点击 Enter 键确认，如图 1-14 所示，也可以自己输入文字，文字的输入在以后的任务中会学习到。

图 1-14　置入文字

在置入文件时，置入的文件将被自动放置在画布的中间，同时文件会保持其原始的长宽比，但是如果置入的文件比当前的文档大，那么该文件将被重新调整到与画布相同大小的尺寸。

4. 步骤四：保存文件

（1）执行"文件"—"储存为"命令或者按 Shift+Ctrl+S 组合键，打开"储存为"对话框，把文件命名为"文档基础"，保存类型选择"PSD"，然后点击"保存"，如图 1-15 所示，这样文件就被保存在电脑硬盘上，便于我们下一次的使用。

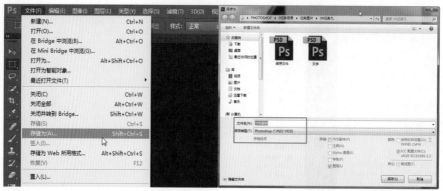

图 1-15　保存文件

（2）跟所有软件一样，Photoshop 文档编辑完成后需要对文件进行关闭保存，当然在编辑过程中也需要经常保存步骤，防止文件丢失或者为了修改方便。当 Photoshop 出现程序错误以及突然断电的时候，所有未保存的操作都会丢失，如果在编辑的过程中经常保存，就会避免很多不必要的损失。

1）执行"文件"—"储存"命令或者按 Ctrl+S 组合键可以对文件进行保存，如图 1-16 所示。储存时保留所做的更改，并且会替换掉上一次保存的文件，同时会按照当前格式和名称进行保存。

2）执行"文件"—"储存为"命令或者按 Shift+Ctrl+S 组合键可以对文件进行保存，如图 1-17 所示。对话框中的文件名是设置保存文件的名字，格式是选择文件的保存格式。

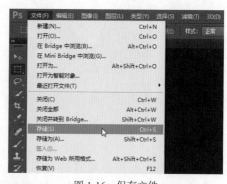

图 1-16　保存文件

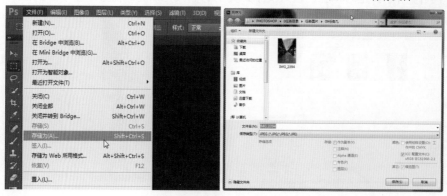

图 1-17　保存为文件

（3）此外，在 Photoshop 中，执行"图像—复制"命令可以将当前文件复制一份，如图 1-18 左图所示，如复制的文件将作为一个副本单独存在，如图 1-18 右图所示。

图 1-18 复制文件

5.步骤五：关闭文件

Photoshop 里提供了三种关闭文件的方法。

（1）执行"文件—关闭"命令，或者按 Ctrl+W 组合键或者单击文件窗口右上角的"关闭"按钮，如图 1-19 所示，可以关闭当前处于激活状态的文件，其他文件将不受任何影响。

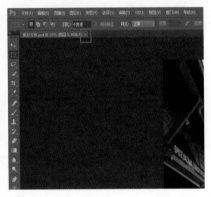

图 1-19 关闭文件

（2）执行"文件—关闭全部"命令，或者按 Alt+Ctrl+W 组合键，可以关闭所有文件，如图 1-20 所示。

（3）执行"文件—关闭并转到 Bridge"命令，可以关闭当前处于激活状态的文件，然后转到 Bridge 中，如图 1-21 所示。

图 1-20 关闭全部   图 1-21 关闭并转到 Bridge

练一练

自己完成文件处理的整个流程，包括打开文件，置入文件，保存文件以及关闭文件，并用 1 ~ 2 张图片简单排版。

 相关知识与技能点 1——Photoshop 简介

1. 什么是 Photoshop

Adobe Photoshop，简称"PS"，是由 Adobe Systems 开发和发行的图像处理软件。Photoshop 主要处理以像素所构成的数字图像。使用其众多的编修与绘图工具，可以有效地进行图片编辑工作。PS 有很多功能，在图像、图形、文字、视频、出版等各方面都有涉及。

2003 年，Adobe Photoshop 8 被更名为 Adobe Photoshop CS。2013 年 7 月，Adobe 公司推出了新版本的 Photoshop CC，自此，Photoshop CS6 作为 Adobe CS 系列的最后一个版本被新的 CC 系列取代，截至 2016 年 12 月 Adobe Photoshop CC 2017 为市场最新版本，本书使用的版本是 Photoshop CC 2015。

Photoshop 的专长在于图像处理，而不是图形创作。图像处理是对已有的位图图像进行编辑加工处理以及运用一些特殊效果，其重点在于对图像的处理加工；图形创作软件是按照自己的构思创意，使用矢量图形等来设计图形。

Adobe 支持 Windows 操作系统、安卓系统与 Mac OS，但 Linux 操作系统用户可以通过使用 Wine 来运行 Photoshop。

2. Photoshop 的应用

（1）平面设计：平面设计是 Photoshop 应用最为广泛的领域，无论是图书封面，还是海报，这些平面印刷品通常都需要 Photoshop 软件对图像进行处理。

（2）广告摄影：广告摄影作为一种对视觉要求非常严格的工作，其最终成品往往要经过 Photoshop 的修改才能得到满意的效果。

（3）影像创意：影像创意是 Photoshop 的特长，通过 Photoshop 的处理可以将不同的对象组合在一起，使图像发生变化。

（4）网页制作：网络的普及是促使更多人需要掌握 Photoshop，因为在制作网页时，Photoshop 是必不可少的网页图像处理软件。

（5）后期：在制作效果图包括三维场景时，人物与配景包括场景的颜色常常需要在 Photoshop 中增加并调整。

（6）视觉创意：视觉创意与设计是设计艺术的一个分支，此类设计通常没有非常明显的商业目的，但由于他为广大设计爱好者提供了广阔的设计空间，因此越来越多的设计爱好者开始学习 Photoshop，并进行具有个人特色与风格的视觉创意。

（7）交互设计：交互设计是一个新兴的领域，受到越来越多的软件企业及开发者的重视。在当前还没有用于做界面设计的专业软件，因此绝大多数设计者使用的都是该软件。

3. Photoshop 功能面板简介

（1）工作区：如图 1-22 所示。A：工具面板；B：历史记录面板；C：颜色面板；D：Creative Cloud 库面板；E：图层面板。

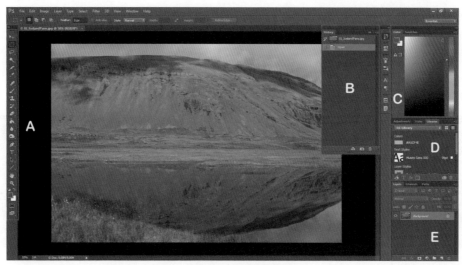

图 1-22　工作区概述

（2）标题栏：位于主窗口顶端，最左边是 Photoshop 标记，右边分别是最小化、最大化 /
还原和关闭按钮。属性栏 (又称工具选项栏)。选中某个工具后，属性栏就会改变成相应工具
的属性设置选项，可更改相应的选项，如图 1-23 所示。

图 1-23　标题栏

（3）菜单栏：菜单栏为整个环境下所有窗口提供菜单控制，包括：文件、编辑、图像、图
层、选择、滤镜、视图、窗口和帮助 9 项。Photoshop 中通过两种方式执行所有命令，一是菜
单，二是快捷键，如图 1-24 所示。

图 1-24　菜单栏

（4）中间窗口是图像窗口，如图 1-25 所示，它是 Photoshop 的主要工作区，用于显示图像
文件。图像窗口带有自己的标题栏，提供了打开文件的基本信息，如文件名、缩放比例、颜色
模式等。如同时打开两副图像，可通过单击图像窗口进行切换。图像窗口切换可使用 Ctrl+Tab。

图 1-25　图像窗口

（5）状态栏：主窗口底部是状态栏，由三部分组成。

1）文本行：说明当前所选工具和所进行操作的功能与作用等信息，如图 1-26 所示，文档信息显示图片大小为 30.5M。

2）缩放栏：显示当前图像窗口的显示比例，用户也可在此窗口中输入数值后按回车来改变显示比例，如图 1-27 所示，文档信息显示图片大小比例为 25%。

图 1-26　状态栏

图 1-27　缩放栏

3）预览框：单击右边的黑色三角按钮，打开弹出菜单，选择任一命令，相应的信息就会在预览框中显示，如图 1-28 所示。

4）工具箱：工具箱中的工具可用来选择、绘画、编辑以及查看图像。拖动工具箱的标题栏，可移动工具箱；单击可选中工具或移动光标到该工具上，属性栏会显示该工具的属性。有些工具的右下角有一个小三角形符号，这表示在工具位置上存在一个工具组，其中包括若干个相关工具，如图 1-29 所示。

图 1-28　预览框

5）控制面板：共有 14 个面板，可通过"窗口 / 显示"来显示面板，按 Tab 键，自动隐藏命令面板，属性栏和工具箱，再次按键，显示以上组件，按 Shift+Tab，隐藏控制面板，保留工具箱，如图 1-30 所示。

图 1-29　工具箱

图 1-30　控制面板

4. Photoshop 绘图

（1）形状图层：在单独的图层中创建形状。可以使用形状工具或钢笔工具来创建形状图层。因为可以方便地移动、对齐、分布形状图层以及调整其大小，所以形状图层非常适于为Web页创建图形。可以选择在一个图层上绘制多个形状。形状图层包含定义形状颜色的填充图层以及定义形状轮廓的链接矢量蒙版。形状轮廓是路径，它出现在"路径"面板中。

（2）路径：在当前图层中绘制一个工作路径，随后可使用它来创建选区、创建矢量蒙版，或者使用颜色填充和描边以创建栅格图形（与使用绘画工具非常类似）。除非存储工作路径，否则它是一个临时路径。路径出现在"路径"面板中。

（3）填充像素：直接在图层上绘制，与绘画工具的功能非常类似。在此模式中工作时，创建的是栅格图像，而不是矢量图形。可以像处理任何栅格图像一样来处理绘制的形状。在此模式中只能使用形状工具。

5. 常用 Photoshop 文件格式

（1）PSD：Photoshop 默认保存的文件格式，可以保留所有图层、色版、通道、蒙版、路径、未栅格化文字以及图层样式等，但无法保存文件的操作历史记录。Adobe 其他软件产品，例如 Premiere、Indesign、Illustrator 等可以直接导入 PSD 文件。

（2）PSB：可保存长度和宽度不超过 300000 像素的图像文件，此格式用于文件大小超过 2 Giga Bytes 的文件，但只能在新版 Photoshop 中打开，其他软件以及旧版 Photoshop 不支持。

（3）BMP：BMP 是 Windows 操作系统专有的图像格式，用于保存位图文件，最高可处理 24 位图像，支持位图、灰度、索引和 RGB 模式，但不支持 Alpha 通道。

（4）GIF：GIF 格式因其采用 LZW 无损压缩方式并且支持透明背景和动画，被广泛运用于网络中。

（5）EPS：EPS 是用于 Postscript 打印机上输出图像的文件格式，大多数图像处理软件都支持该格式。EPS 格式能同时包含位图图像和矢量图形，并支持位图、灰度、索引、Lab、双色调、RGB 以及 CMYK。

（6）PDF：便携文档格式 PDF 支持索引、灰度、位图、RGB、CMYK 以及 Lab 模式。具有文档搜索和导航功能，同样支持位图和矢量。

（7）PNG：PNG 作为 GIF 的替代品，可以无损压缩图像，并最高支持 244 位图像并产生无锯齿状的透明度。但一些旧版浏览器（例如：IE5）不支持 PNG 格式。

（8）TIFF：TIFF 作为通用文件格式，绝大多数绘画软件、图像编辑软件以及排版软件都支持该格式，并且扫描仪也支持导出该格式的文件。

（9）JPEG：JPEG 和 JPG 一样是一种采用有损压缩方式的文件格式，JPEG 支持位图、索引、灰度和 RGB 模式，但不支持 Alpha 通道。

6. 颜色模式

（1）RGB 模式：用红（R）、绿（G）、蓝（B）三色光创建颜色。扫描仪通过测量从原始图像上反射出来的 RGB 三色光多少来捕获信息。计算机显示器也是通过发射 RGB 三种色光到人们的眼中来显示信息。

（2）CMYK 模式：用青色（C）、洋红色（M）、黄色（Y）和黑色（K）油墨打印 RGB 颜色。但由于油墨的纯度问题，CMYK 油墨（也叫加工色）并不能够打印出用 RGB 光线创建出来的所有颜色。

（3）Lab 模式：一种描述颜色的科学方法。它将颜色分成 3 种成分：亮度（L）、A 和 B。

亮度成分描述颜色的明暗程度；"A"成分描述从红到绿的颜色范围；"B"成分描述从蓝到黄的颜色范围。Lab 颜色是 Photoshop 在进行不同颜色模型转换时内部使用的一种颜色模型（例如从 RGB 转换到 CMYK）。

（4）灰度模式：灰度模式在图像中使用不同的灰度级，灰度图像中的每个像素都有一个 0（黑色）到 255（白色）之间的亮度值。灰度值也可以用黑色油墨覆盖的百分比来度量（0% 等于白色，100% 等于黑色）。

（5）位图模式：位图模式使用两种颜色值（黑色或白色）之一表示图像中的像素。位图模式下的图像被称为位映射 1 位图像，因为其位深度为 1。

（6）双色调模式：该模式通过一至四种自定油墨创建单色调、双色调（两种颜色）、三色调（三种颜色）和四色调（四种颜色）的灰度图像。

（7）索引颜色模式：索引颜色模式可生成最多 256 种颜色的 8 位图像文件。当转换为索引颜色时，Photoshop 将构建一个颜色查找表 (CLUT)，用以存放并索引图像中的颜色。

（8）多通道模式：多通道模式图像在每个通道中包含 256 个灰阶，对于特殊打印很有用。多通道模式图像可以存储为 Photoshop、大文档格式 (PSB)、Photoshop 2.0、Photoshop Raw 或 Photoshop DCS 2.0 格式。

 ## 相关知识与技能点 2——Photoshop 安装配置

1. 软件安装

购买正版软件后按照说明进行安装，在 Windows 和 MAC 系统下都可以安装，安装路径可以自定义也可以使用默认路径。

2. 配置

该软件要求一个暂存磁盘，它的大小至少是打算处理的最大图像大小的三到五倍。例如，如果打算对一个 5MB 大小的图像进行处理，至少需要有 15 ～ 25MB 可用的硬盘空间和内存大小。

如果没有分派足够的暂存磁盘空间，软件的性能会受到影响。要获得 Photoshop 的最佳性能，可将物理内存占用的最大数量值设置在 50% ～ 75%。

任务 2　快速图像调整

如今，数码照片的应用越来越普及，但是很多照片限于光线、器材、拍摄者摄影水平等影响，图像存在着或多或少的问题。其中，图像的曝光不正确或者图像的白平衡不正确（偏色），以及图像对比度、饱和度不足等问题，是非常普遍的。因此，使用 Photoshop 调整图像的色彩、色调和对比度是非常重要的技能。

 学习目标

完成本训练任务后，你应当能（够）：

- 了解并会使用调整图层。
- 了解并会使用色阶、曲线、色相 / 饱和度和可选颜色调整图层。
- 运用色阶调整图层。
- 运用曲线调整图层。
- 运用色相 / 饱和度调整图层。
- 运用可选颜色调整图层。

通过原图（见图 2-1）与处理后图片（见图 2-2）的比较，我们可以看出差别：图 2-1 是相机拍摄的一张风景照片原图，存在着发灰、色彩不够饱和、对比度偏低的问题；图 2-2 是使用 Photoshop 调整后的照片，可以看到照片的效果有了一定提升，色彩较为艳丽、通透，整个图像对比度增加，色彩饱和度整体提升，尤其是蓝天白云的视觉效果有了显著提升。

图 2-1　原始图像

图 2-2　调整后的图像

将图 2-1 所示的原图调整为图 2-2 所示的效果，通常需要以下几个步骤：

示范操作

1. 步骤一：调整色阶

（1）使用 Photoshop CC 2018 打开要处理的照片，打开文件的方法我们在前面的任务中已经学习，这里不再复述。图片打开后如果"图层"面板没有打开，点击菜单"窗口"—"图层"命令，打开图层面板。对于普通数码照片，Photoshop 会显示为"背景"层并且锁定，如图 2-3 左图所示，一般是将背景层复制，或者双击鼠标转化为普通图层，如图 2-3 右图所示。

图 2-3 打开图片

（2）点击菜单"图像—调整—色阶"，调出色阶调整面板，如图 2-4 所示。

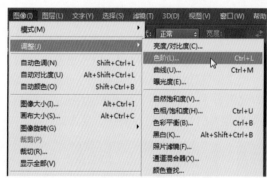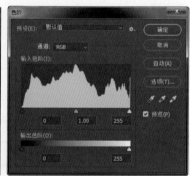

图 2-4 调整色阶面板

图 2-4 中间黑色图像就是直方图，直方图下方三角形滑块从左到右依次代表图像的暗部、中间调、亮部 3 个部分得输出信息。比较理想的直方图应该是从最暗（0）到最亮（255）每个部分都有图像信息的。

直方图用图形表示图像的每个亮度级别的像素数量，展示像素在图像中的分布情况。直方图显示阴影中的细节（在直方图的左侧部分显示）、中间调（在中部显示）以及高光（在右侧部分显示）。直方图可以帮助我们确定图像是否有足够的细节来进行良好的校正。暗调图像的细节集中在阴影处，亮调图像的细节集中在高光处，而平均色调图像的细节集中在中间调处。全色调范围的图像在所有区域中都有大量的像素。识别色调范围有助于确定相应的色调校正。

（3）接下来我们对图像进行调整。首先是把输入色阶图右侧亮点滑块向左调整到刚刚有像素的位置，接下来结合图像效果适当向左拖动中间调滑块，使中间调滑块大致处于整个输入色阶中间位置。由于本图片偏暗，故输入色阶的阴影滑块不做调节。具体调节参数如图 2-5 所示。

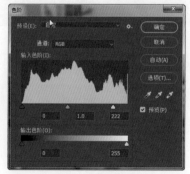

图 2-5 设置调整参数

而图 2-5 所示的直方图中，最左边的暗部信息比较多，最右边的高光信息出现缺乏，像素大多集中在中间调和偏暗部分，所以整个图像对比度小、偏灰，没有高亮度的像素。

（4）此时图像的整体亮度增加，亮部（天空）亮度有所提升，对比度较调整之前也有显著提高，如图 2-6 所示。

图 2-6　调整后对比

2. 步骤二：调整曲线

（1）点击菜单"图像—调整—曲线"，调出曲线调整面板，如图 2-7 所示。

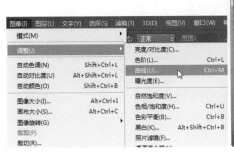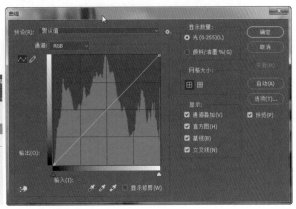

图 2-7　曲线调整面板

"曲线调整图层"面板灰色的柱状图表显示的是前面步骤生成图像的色阶信息，这个柱状图从左到右仍然对应的是图像的暗部、中间调和亮部。初始情况下，图像的曲线是一条 45°直线，在 RGB 模式下，图形右上角区域代表高光，左下角区域代表阴影。图形的水平轴表示输入色阶（初始图像值），垂直轴表示输出色阶（调整后的新值）。在向曲线添加控制点并移动它们时，曲线的形状会发生更改，对应图像也会相应调整。曲线较陡的部分对应图像对比度较高的区域，曲线中较平的部分对应对比度较低的区域。

我们可以通过在曲线特定位置上通过单击鼠标左键添加控制点并拖动它们来调整图像的亮度，控制点越往上图像越亮，反之图像变暗。具体在什么位置添加控制点、如何调整要依据图片的实际情况而定。

如图 2-8 所示，我们在曲线中间增加一个控制点，将其稍微向上拖动，即使输入色阶为118 和输出色阶为 134。可以看到，照片的中间调提升变亮，接近中间调的部分也相应变亮，但变化程度小于中间调，照片最亮和最暗的部分没有改变。

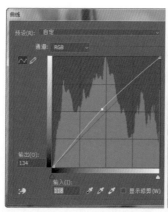

图 2-8　调亮画面

　　然后再设置输出色阶为 110，如图 2-9 所示。可以看到照片的中间调变暗，接近中间调的部分也相应变暗，照片最亮和最暗部分没有改变。

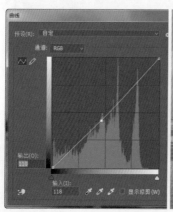

图 2-9　调暗画面

　　（2）由于本例照片的整体亮度尚可，故我们不调整中间调，为了提升照片对比度，我们再增加两个控制点，一个点输出值 49，输入值 39，如图 2-10 左图所示。另一个点输出值 205，输入值 192，如图 2-10 右图所示，这时曲线为 S 形。这样做的效果很明显，照片整体亮度基本不变，在基本不损失细节的情况下对比更大，调整后效果如图 2-11 所示。

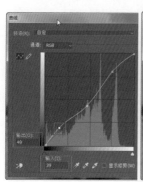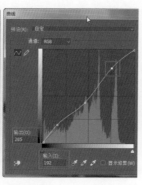

图 2-10　调整曲线调整面板

图 2-11　调整后效果

3. 步骤三：调整色相/饱和度

点击菜单"图像—调整—调整色相/饱和度"，调出曲线调整色相/饱和度调整面板，如图2-12所示。

图2-12　调整色相/饱和度调整面板

从"色相/饱和度调整图层"属性面板中可以看到，"色相/饱和度调整图层"有色相、饱和度和透明度三个选项。属性面板下面的两个颜色条表示色轮中的颜色，不同之处在于上面的颜色条显示调整前的颜色，下面的颜色条显示调整如何以全饱和状态影响所有色相。

我们在数码风景照片的优化调整中，一般不使用色相滑块，只增加图片的色彩饱和度和调整照片颜色的明度。由于每一张照片都不一样，数码照片的调整需要我们在日常生活中积累经验和收集资料。

由于本例中照片的色彩和明度本身尚可，因此只增加15的饱和度、5的明度，调整效果如图2-13所示。

图2-13　调整完成效果

4. 步骤四：可选颜色调整图层

对于一般照片的调节，综合运用前面3种快速调整图层基本可以满足大部分调色要求。但是对于这张照片，我们想突出蓝天、海水的效果，对其他色彩基本不影响，这就需要用到"可选颜色调整图层"。

可选颜色校正是高端扫描仪和分色程序使用的一种技术，用于在图像中的每个主要原色成分中更改印刷色的数量。我们可以有选择地修改任何主要颜色中的印刷色数量，并且不会影响其他主要颜色。例如，可以使用可选颜色校正显著减少图像绿色图素中的青色，同时保留蓝色图素中的青色不变。"可选颜色调整图层"通常用来微调图像的色彩，属于非常实用的功能。

属性面板的"相对"指按照总量的百分比更改现有的青色、洋红、黄色或黑色的量。例如，假设从50%洋红的像素开始添加10%，则5%将添加到洋红，结果为55%的洋红（50%×10%＝5%）。该选项不能调整纯反白光，因为它不包含颜色成分。"绝对"是指采用绝对值调整颜色。例如，如果从 50% 的洋红的像素开始，然后 10%，洋红油墨会设置为总共 60%。

（1）点击菜单"图像—调整—可选颜色"，调出可选颜色调整面板，模式使用"相对"，在"可选颜色调整图层"属性面板"颜色"选项中选择蓝色，将"青色"滑块右移至"20%"。调整后照片效果如图 2-14 所示。

图 2-14　调整可选颜色

（2）最终效果如图 2-15 所示。

图 2-15　最终效果

 练一练

选择一张自己拍摄的曝光有缺陷的风景照片，也可以使用光盘提供的照片，然后根据本次任务学的调整图层技术，调整照片曝光缺陷，并依据图片的色调和个人喜好调出你所喜欢的色彩效果，尽量让画面出彩。

相关知识与技能点 1——色彩基础知识

1. 色彩基本原则

太阳光是由赤、橙、黄、绿、青、蓝、紫七种颜色的光组成的。我们可以通过三棱镜或雨后彩虹亲眼观察到这种现象。在阳光的作用下，大自然中的色彩变化是丰富多彩的，人们在这丰富的色彩变化当中，逐渐认识和了解了颜色之间的相互关系，并根据它们各自的特点和性质，总结出色彩的变化规律，并把颜色概括为原色、间色和复色三大类。

（1）原色：色彩的来源被称为三原色，三原色分别是红色、黄色、蓝色。所有的颜色都是通过三原色的交叉和均匀混合调配出来的。但在屏幕上显示的三原色通常为红色、绿色和蓝色，就是我们通常所说的 RGB，如图 2-16 所示。

（2）间色：间色又称"二次色"指的是原色基础上任意两种颜色的结合，即红＋黄＝橙、黄＋蓝＝绿以及蓝＋红＝紫，很容易可以得出橙、绿、紫就是间色，如图 2-17 所示。

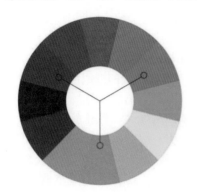
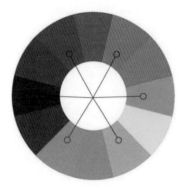

图 2-16　三原色　　　　　　　　　　　　　图 2-17　间色

（3）复色：复色又称"三次色"，顾名思义就是色彩的第三次调配，在色彩中通常是原色与间色的结果。复色有橙黄、橙红、黄绿、绿蓝、蓝紫、紫红，复色的色彩变化是非常丰富的，除此之外，复色包括了原色和间色之外的所有颜色。

2. 色彩基本属性

理解和运用色彩，必须掌握进行色彩归纳整理的原则和方法，其中最主要的是掌握色彩的属性。

（1）色相：色相是有彩色的一种属性，是指色彩的相貌，确切的说是以波长来划分色光的相貌。12 个基本色相，按照光谱顺序依次分为：红、橙红、黄橙、黄、黄绿、绿、绿蓝、蓝绿、蓝、蓝紫、紫、红紫。

（2）明度：明度是指色彩的光亮程度，所有的色彩都具有自己的光亮。其中，亮色被称为高明度，暗色被称为低明度。无彩色中明度最高的是白色，明度最低的是黑色，其中的灰色按照顺序，明度依次降低。在表现上，明度越高的色彩，越给人一种轻、淡、薄的感觉。明度越低的色彩，越给人一种重、浓、厚的感觉。

（3）纯度：纯度用来表现色彩的鲜艳和深浅程度，也就是说，纯度是指深色、单色等色彩鲜艳度的判断指数。随着纯度降低，就会变换为黯淡的，没有色相的色彩。纯度降到最低时就会失去色相，变为无彩色。同一色相的色彩，不掺杂白色或黑色，则被称为纯色。在纯度中加入不同明度的无彩色，会出现不同的纯度。在七色中除了各有各自的最高纯度外，它们之间也有纯度高低之分。红色纯度最高，而青绿色纯度最低。

（4）色调：色调是色相饱和度、纯度之间的关系，表现色彩程度。根据不同的明度和纯度组合，将相同色相的色彩分为鲜艳、高亮、明亮、清澈、苍白、灰亮、隐约、浅灰、阴暗、深灰、黑暗 11 种色调。色调是进行设计时，组合搭配颜色最重要概念。色调的控制，能更加有效的把握色彩表达的感情。

3. 色系

配色的一般规律为：任何一个色相都可以作为主色（主色调），与其他色相组成互补色、对比色、邻近色或者同类色关系的色彩组织。

（1）原色：原色是最基本的色彩，按照一定比例将原色混合，能产生其他颜色。光的三原色：红、绿、蓝；印刷的三原色：红、黄、蓝。

（2）次生色：混合任意的邻近的原色，得到一种新的颜色，即为次生色。

（3）三次色：三次色是由原色和二次色混合而成的颜色，在色相环中处于原色和二次色之间。

（4）类似色：色相环中相距 45°左右，或者彼此相距两个数位的两个色相，互为类似色。将同类色进行组合，对比较弱，色相分明，是属于极为协调和单纯的色彩搭配。

（5）邻近色：色相环中相距 90°左右，或者彼此相距三四个数位的两个色相，互为邻近色。将同类色进行组合，色相间色彩倾向近似，冷色组合暖色组的近似色对比比较明显，色调统一和谐，感情一致。

（6）三色组：色相环中相距 135°左右，或者彼此相距五六个数位的两个色相，互为三色组。将三色组色彩进行组合，对比效果较强，色彩鲜明、活波，各色相互排斥，给人一种紧张感。

（7）互补色：色相环中相距 180°左右的两个色相，互为互补色。互补色是对比最强烈的色彩组合，给人视觉刺激，并且产生不安定感。搭配不恰当，容易产生生硬、浮夸、急躁的效果。

（8）分离互补色：分离互补色是一种色相，与他的补色在色相环上的左边或右边的色相进行组合。进行互补色的搭配，可以通过明确处理主色与次色之间的关系达到调和，也可以通过色相有序排列的方式，达到和谐的色彩效果。

相关知识与技能点 2——色彩调整基础信息面板

1. 调整图像颜色和色调之前的注意事项

使用 Photoshop 中功能强大的工具调整图像中的颜色和色调（亮度、暗度和对比度）之前，需要注意下面一些事项。

（1）使用经过色彩校准显示器。对于图像编辑，显示器校准十分关键。否则，图像在你的显示器和其他显示器上显示会有所不同，在打印后的色彩也会和你屏幕上差距较大。

（2）尽量使用调整图层来调整图像的色调范围和色彩平衡。使用调整图层，我们可以返回并且可以进行连续的色调调整，而无需永久修改原始图像中的数据。但是，使用调整图层会增加图像的文件大小，并且需要计算机有更多的内存。

（3）对于重要的作品，为了尽可能多地保留图像细节，最好使用 16 位 / 通道图像（16 位图像），而不使用 8 位 / 通道图像（8 位图像）。当我们进行色调和颜色调整时，很多图像信息数据将被丢失，8 位图像中图像信息的损失程度比 16 位图像更严重。当然，16 位图像的文件大小比 8 位图像大。

（4）修改图像副本文件。我们可以使用图像的拷贝进行工作，以便保留原件，以防万一需要使用原始状态的图像。

（5）在调整颜色和色调之前，请去除图像中的任何缺陷（如尘斑、污点和划痕）。

（6）在"扩展视图"中打开"信息"或"直方图"面板。当我们评估和校正图像时，这两个面板会显示有关调整的重要信息。

2. 信息面板

（1）执行"窗口 > 信息"菜单命令，打开"信息"面板。通过"信息"面板，我们可以快速地查看光标所处的坐标、颜色信息（RGB 颜色值和 CMYK 颜色的百分比数值）、选区大小、定界框的大小和文档大小等，如图 2-18 所示。

图 2-18　信息面板

（2）在"信息"面板的菜单中选择"面板选项"命令，可以打开"信息面板选项"对话框，如图 2-19 所示。在该对话框中可以设置颜色信息和状态信息选项。

图 2-19　信息面板选项

1）第一颜色信息：设置第 1 个吸管显示的颜色信息。选择"实际颜色"，将显示图像当前颜色模式下的颜色值；选择"校样颜色"将显示图像的输出颜色数值；选择"灰度""RGB""WEB""CMYK""Lab"等选项，可以显示对应模式的颜色值；选择"油墨总量"，可以显示当前颜色所有 CMYK 油墨的总百分比；选择"不透明度"，可以显示当前图层的不透明度。

2）第二颜色信息：与"第一颜色信息"相同，只不过是设置第 2 个吸管显示的颜色信息。

3）鼠标坐标：设置当前鼠标所处位置的度量单位。

4）状态信息：勾选相应的选项，可以在"信息"面板中显示出相应的状态信息。

5）显示工具提示：勾选该选项以后，可以显示出当前工具的相关使用方法。

3. 直方图

（1）执行"窗口 > 直方图"菜单命令，打开"直方图"面板。

1）紧凑视图：这是默认的显示模式，显示不带控件或统计数据的直方图。该直方图代表整个图像，如图 2-20 所示。

2）扩展视图：显示有统计数据的直方图，如图 2-21 所示。

3）全部通道视图：除了显示"扩展视图"的所有选项外，还显示各个通道的单个直方图，如图 2-22 所示。

4）通道：包含 RGB、红、绿、蓝、明度和颜色 6 个通道。选择相应的通道以后，在面板中就会显示该通道的直方图。

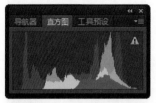

图 2-20　直方图紧凑面板

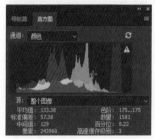

图 2-21　直方图扩展面板

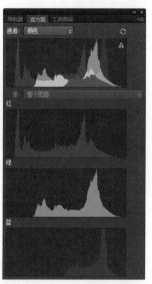

图 2-22　直方图全部通道视图

（2）直方图是用图形来表示图像的每个亮度级别的像素数量，展示像素在图像中的分布情况。直方图还提供了图像色调范围或图像基本色调类型的快速浏览图。低色调图像的细节集中在阴影处，高色调图像的细节集中在高光处，而平均色调图像的细节集中在中间调处，全色调图像在所有区域中都有大量的像素。识别色调范围有助于确定相应的色调校正。图 2-23 三张图像从左至右分别是曝光过度、曝光正常以及曝光不足的图像，在直方图中可以清晰地看出差别。

图 2-23　不同曝光度的照片

1）不使用高速缓存的刷新按钮：单击该按钮，可以刷新直方图并显示当前状态下的最新统计数据，如图 2-24 所示。源可以选择当前文档中的整个图像、图层和复合图像，选择相应的图像或图层后，在面板中就会显示出其直方图。

2）平均值：显示像素的平均亮度值（0 ～ 255 的平均亮度）。直方图的波峰偏左，表示该图偏暗，如图 2-25 左图所示，直方图的波峰偏右，表示该图偏亮，如图 2-25 右图所示。

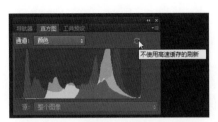

图 2-24 不使用高速缓存的刷新按钮　　　　　　　　图 2-25 直方图偏暗偏亮

3）标准偏差：这里显示出了亮度值的变化范围。数值越低，表示图像的亮度变化不明显；数值越高，表示图像的亮度变化很强烈。

4）中间值：这里显示出了图像亮度值范围以内的中间值，图像的色调越亮，其中间值就越高。

5）像素：这里显示出了用于计算直方图的像素总量。

6）色阶：显示当前光标下波峰区域的亮度级别。

7）数量：显示当前光标下的亮度级别的像素总数。

相关知识与技能点 3 —— 快速调整颜色与色调

通过 Photoshop "图像"菜单下的命令，可以快速调整图像的颜色和色调。

1. 自动色调、自动对比度、自动颜色

（1）"自动色调""自动对比度""自动颜色"这三个命令没有对话框，直接在菜单栏选择"图像—自动色调 / 自动对比度 / 自动颜色"，如图 2-26 所示。

（2）使用自动色调、自动对比度、自动颜色命令时，系统会自动对图像的色调、对比度、颜色进行调整。由于是系统自动调整，所以调整效果相对有限，甚至不明显。图 2-27 从左至右依次为原图、自动色调、自动对比度、自动颜色。

图 2-26 自动色调、自动对比度、自动颜色命令

原图　　　　　　　　自动色调　　　　　　　　自动对比度　　　　　　　　自动颜色

图 2-27　自动色调、对比度、颜色命令应用对比

2. 亮度 / 对比度

（1）使用"亮度 / 对比度"命令可以对图像的色调范围进行简单的调整。打开一张图像，然后执行"图像 > 调整 > 亮度 / 对比度"命令，打开"亮度 / 对比度"对话框，如图 2-28 所示。将亮度滑块向右移动，会增加亮度值并扩展图像高光范围，而向左移动会减少图像亮度值并扩展阴影范围；对比度滑块可以扩展或收缩图像中色调值的总体范围。

图 2-28　打开"调整亮度 / 对比度"命令对话框

（2）亮度 / 对比度对话框选项介绍。

1）亮度：用来设置图像的整体亮度。数值为负值时，表示降低图像的亮度，如图 2-29 左图所示；数值为正值时，表示提高图像的亮度，如图 2-29 右图所示。

图 2-29　降低亮度和提高亮度

2）对比度：用于设置图像亮度对比的强烈程度。数值越低，对比度越低，如图 2-30 左图所示；数值越高，对比度越高，如图 2-30 右图所示。

图 2-30　降低对比度和提高对比度

3）预览：勾选该选项后，在"亮度 / 对比度"对话框中调节参数时，可以在文档窗口中观察到图像的亮度变化。

4）使用旧版：勾选该选项后，可以得到与 Photoshop CS3 以前的版本相同的调整结果，如图 2-31 所示。

3. 色彩平衡

（1）对于普通的色彩校正，"色彩平衡"命令可以更改图像总体色彩的混合程度。打开一张图像，然后执行"图像 > 调整 > 色彩平衡"菜单命令或按 Ctrl+B 组合键，打开"色彩平衡"对话框，如图 2-32 所示。

图 2-31　使用旧版

图 2-32　调整色彩平衡

（2）色彩平衡对话框选项介绍。

1）色彩平衡：用于调整"青色—红色""洋红—绿色""黄色—蓝色"在图像中的占比。可以手动输入数值，也可以拖曳对应滑块调整。

2）色调平衡：选择调整色彩平衡的方式，包含"阴影""中间调""高光"3 个选项。如果勾选"保持明度"选项，还可以保持图像亮度不变，以防图像亮度随着色彩的改变而改变。

任务 3　虚化照片

　　为了提高大家的学习兴趣，我们先不去学那些枯燥乏味的概念和理论，来做一个有用的工作——照片的虚化处理。请看原图与经过处理的图（见图3-1和图3-2）。这样处理的目的是把四周杂乱的东西去掉，更加突出人物面部。虚化后，使得画面消去了四方的棱角，与周围更加和谐，看上去更舒服，更富有情调。这个技巧在很多地方都用得上，所以非常值得一学，而且也并不难。选择一张图片（见图3-1），经过处理自定义轮廓虚化背景后，得到图3-2的效果。选择的图片分辨率应尽量高，如果自己没有满意的照片也可以去网上下载素材。

图 3-1　原图

图 3-2　完成后的图

 学习目标

完成本训练任务后，你应当能（够）：
- 会熟练使用 Photoshop 文档操作。
- 会对照片进行虚化。
- 了解选区、羽化的相关知识。
- 了解前景色和背景色。

通过原图跟处理后图片的比较，我们可以看出：图3-1的人物被修改成了一个椭圆形的构图，并且虚化了边缘，这样一来把四周杂乱的东西去掉，更加突出了人物面部。

将图3-1所示的原图修复成图3-2所示的效果，操作流程如图3-3所示。

选择图片　➡　使用选区工具调整图片　➡　虚化背景　➡　保存

图 3-3　操作流程

示范操作一：照片背景虚化

1. 步骤一：打开图片

打开 Photoshop CC，选择一张合适的人物照片，也可以自己拍摄，注意要选择分辨率高的。然后在 Photoshop 中打开照片，具体的操作方法是：在 Photoshop 的菜单栏里面选择"文件—打开"，如图 3-4 所示，或者在打开的软件空白处双击鼠标，在跳出的对话框里面找到自己的照片选择"打开"，照片打开在软件里的状态如图 3-5 所示，注意照片一定要尽量选择清楚的，分辨率高的照片，以后所有任务的图片选择要求也是如此（关于图像分辨率的概念请参考相关知识点与技能）。

图 3-4　在菜单栏里选择"文件—打开"

图 3-5　打开图片到 Photoshop 里

2. 步骤二：选取虚化范围

（1）在工具栏上，按下虚线矩形按钮不放（工具右下角有小三角的，表明这里面还有同类的工具），会出来四种选框工具。点"椭圆选框工具"，然后到照片上画个椭圆。在照片上出现一个虚线画成的椭圆，如图 3-6 所示。这时，画得不准确没有关系，一会儿来调整。这个虚线框就是选区，这是一个非常重要的概念，一定要记住它，今后几乎每一个任务都要提到"选区"，选区就是我们要进行处理的范围。

图 3-6 选取羽化范围

（2）在下拉菜单"选择"中点击"变换选区"，会在选区的四周出现大方框，又称调整框，在调整框上有一个中心点与八个方点，这 9 个点为调整点。操作结果如图 3-7 所示。

图 3-7 调整选取大小

（3）现在可以试试拉动右边的小方点，会把椭圆拉宽；再拉下面的小方点，可以把椭圆拉长一点；拉四角的小方点，可以放大缩小框子；在框外移动鼠标，可以旋转调整框；点框内空白处，可以移动整个调整框。这样，不断地调整，直到满意为止。注意不要拉到离照片边缘太近的地方，需要留出一点余地为接下来的虚化做准备。操作结果如图 3-8 所示。调整好需要的构图以后按一下回车，调整框就消失了。

图 3-8　进一步调整选区

3. 步骤三：虚化选区

（1）选区的位置已经定好了，接着制作边界的虚化效果。在菜单"选择"中点击"羽化"，在羽化半径中填写 20。操作过程如图 3-9 所示。注意：这个 20 是指我们需要虚化的边缘的宽度，就是从清晰到不清晰直到消失的一个过渡的宽度值，这是一个大约值，这个估计值与原图的尺寸有关，如果应用后感觉不合适，可以改成 30 或者是任何数，根据需要来设置。

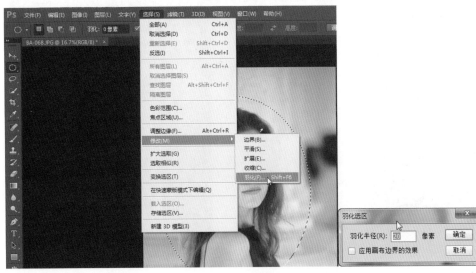

图 3-9　羽化选区

（2）这个椭圆虚线框里的部分，是我们框选的，是要保留下来的，而虚线框之外的画面，是我们要删除的。为了要删除那些不要的画面，我们就要选中不要的画面。现在，整个画面分成两个部分。一部分是要保留的，另一部分是我们要删除的，如图 3-10 所示。

图 3-10　椭圆形虚线里面的部分是需要保留的

（3）现在我们要删掉虚线以外的部分，在菜单"选择"下点"反选"，或者在键盘上同时按下"Ctrl+Shift+I"键，虚线框就反过来了。在椭圆选框的外面，出现了四方的选框，这表示：现在所选中的，是椭圆与方框之间的部分。注意：原先羽化的宽度，是向着椭圆内部的。现在反过来是向着椭圆的外部了，如图 3-11 所示。

图 3-11　反向选取

（4）现在选中的这部分就是我们不要的了。到菜单"编辑"下点"清除"，会跳出一个填充的对话框，如图3-12所示。这里补充说明一下颜色的设置。

在PS中，颜色分为前景色与背景色两个部分。前景色图标表示油漆桶、画笔、铅笔、文字工具和吸管工具在图像中拖动时所用的颜色，背景色表示橡皮擦工具所表示的颜色，简单说背景色就是纸张的颜色，前景色就是画笔画出的颜色。如图3-13所示，工具栏中▇图标中有两块颜色，前面的颜色是前景色，后面的颜色是背景色。也就是说图标现在显示状态，前景色为黑色，背景色为白色。前景色与背景色是可以对换的，按下图标中的那个双向箭头就可以实现前景色与背景色的对换。点击图标中的双向箭头，则图标状态就会变成了▇，此时，前景色变成了白色，背景色变成了黑色。这个双向箭头是前景色与背景色的对换按钮照片处理中经常会用到工具。图标中黑白小按钮是默认设置按钮，按下这个按钮，就会马上回到白底黑字的默认设置上来。本任务需要的就是白色背景的默认设置，直接点击删除之后，四周就是白色的底色。关于如何改变颜色的问题，我们在以后的任务中会来详细讲解。

图3-12 删除选区

图3-13 前景色和背景色

删除选区后露出了白色的底及虚化的边缘，如图3-14所示，画面就变成了一个边缘模糊的椭圆形，边缘的模糊程度取决于我们羽化时候的数值，数值越大，边缘就会越模糊，反之则会越清晰。

图3-14 删除及羽化后的效果

（5）这个任务基本就完成了，最后要做的就是保存文件。在顶部菜单下点"文件—存储为"，输入文件名然后点击保存，可以仍然保存为JPG格式，也可以保存为PSD格式，PSD格式是PS的源文件，也是可以修改的文件格式，假如你制作到了一半，需要临时保存一下文件，就要保存为PSD文件，以便于以后修改，保存结果如图3-15所示。

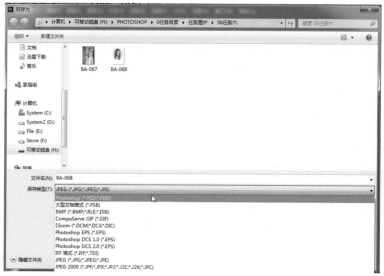

图 3-15　保存文件

 示范操作二：照片轮廓虚化

　　示范操作一制作了圆形的照片虚化，但有时，我们需要制作勾勒轮廓的照片虚化处理。选择一张图片，如图 3-16 左图所示，这是一张女性的半身图，姿态优美，如果像示范操作一那样，把它用圆框框起来，就看不到优美的身姿了。这时，就要用轮廓图了。轮廓图的制作步骤与示范操作一是一样的，只是用的工具不同。经过处理自定义轮廓虚化背景后，结果如图 3-16 右图所示。注意：选择的图片分辨率尽量高，如果自己没有满意的照片也可以去网上下载素材。如果分辨率不够，图像就会模糊不清。

图 3-16　原图和轮廓虚化后的图

1. 步骤一：打开图片

　　打开 Potoshop CC，选择一张合适的人物照片，也可以自己拍摄，注意要选择分辨率高的，然后在 Photoshop 中打开照片，具体的操作方法是：在 Photoshop 的菜单栏里面选择"文件—打开"，操作过程如图 3-17 所示，或者在打开的软件空白处双击鼠标，在弹出的对话框里面找到自己的照片后，选择"打开"。照片打开在软件里的状态如图 3-18 所示。

图 3-17　在菜单栏里选择"文件—打开"

图 3-18　打开图片到 Photoshop 里

2. 步骤二：选取虚化范围

（1）在工具栏点击"套索工具"。套索工具可以画出绵延不断的曲线，把人物包围起来。先确定一个起点，然后按下鼠标左键不要松开，沿着人物的外缘拖动，与人物保持一定的距离。不断地画出大轮廓来。一直到画完一圈，全部包围之后再松手就可以了。这样，选区就做好了，操作结果如图 3-19 所示。

图 3-19　选取羽化范围

注意：有时在移动时可能会一不小心松了一下鼠标，此时会自动产生一个错误的选区，如图 3-20 所示的情况。

图 3-20　调整选区

出现这种情况时有两种处理方法：第一种方法是把鼠标在空白处点击一下，或者在键盘上按"Ctrl+D"取消选区，然后重新绘制；第二种方法是我们可以再画一个选区，然后把新选区与旧选区相加即可，这也是这个任务要学的关键技能。

（2）在"工具属性栏"中，点击"添加到选区"按钮（注意：每一个工具点中后，上面都会出现这种工具的属性栏，如果你的操作界面中没有，可以到"窗口"菜单下去点一下"选项"），这样，画出来的新选区就会与旧选区相加了。或者也可以选择套索工具以后同时按下"Shift"键，这样画出来的选区也会和之前的选区合并，如图 3-21 所示。放手后，就会产生一个大的完整的选区了。我们要掌握如何让两个选区相加的手法。在做的过程中，PS 允许后悔一次，在菜单"编辑"下点第一项"还原××"即可。如果是用套索，就会出现"还原套索"。

图 3-21　进一步调整选区

3. 步骤三：虚化选区

（1）现在选区的位置已经定好了，下一步制作边界的虚化效果。到菜单"选择"点"羽化"，在羽化半径中填写 20，这个数值是可以根据需要的效果自己设定的，操作过程如图 3-22 所示。

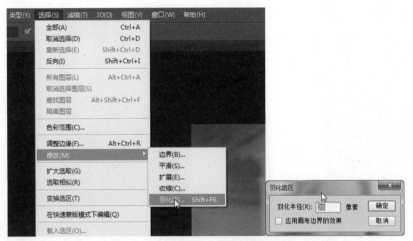

图 3-22 羽化选区

（2）整个画面此时分成两个部分，一部分是虚化选区需要保留的人物部分，另一部分是虚化选区外要删除的，如图 3-23 所示。

图 3-23 椭圆形虚线里面的部分是需要保留的

用示范操作一中的方法，要删掉虚线以外的部分。所以只要把现在这个选区反选一次就可以了。在到菜单"选择"下点"反选"，或者在键盘上同时按下"Ctrl+Shift+I"键，虚线框就反过来了，人物以外的部分被选取。在人物选框的外面，出现了方形的选框，这表示：现在所选中的，是人物边缘与方框之间的部分。注意：原先羽化的宽度，是向着人物边缘内部的。现在反过来是向着人物边缘的外部了，如图 3-24 所示。

图 3-24　反向选取

在菜单“编辑”下点“清除”，这时候会弹出一个填充的对话框，如图 3-25 所示。

点击填充对话框的确定按钮，现在被删除的部分就没有了，露出了白色的底及虚化的边缘，如图 3-26 所示，人物边缘已经被虚化了，边缘的模糊程度取决于我们羽化时候的数值，数值越大，边缘就会越模糊，反之则会越清晰。

图 3-25　删除选区

图 3-26　删除后的效果

（3）现在我们的任务基本就完成了，把图片保存起来。与示范操作一的方法相同，保存文件，操作过程如图 3-27 所示。

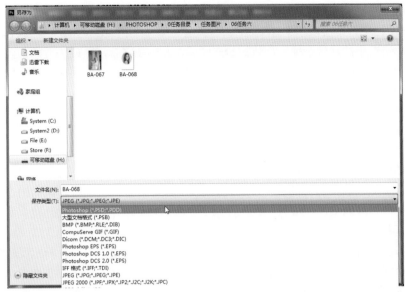

图 3-27　保存文件

 练一练

选择一张照片，也可以使用光盘提供的照片，用本任务学到的方法进行边缘虚化处理，可以是本任务学到的椭圆形边缘虚化和轮廓边缘虚化，也可以试试其他形状的边缘虚化。

 相关知识与技能点——选区

1. 选区定义

选区指的是选择用来执行以下任意类型操作的图像部分：在图层上复制、颜色校正、删除、旋转等。选区是由选区边界内（即全部或部分选定的图像）包含的所有像素组成的。当选择对象时，选区边框会出现在所选区域的周围，如图 3-28 左图所示。当取消选择对象时，选区的边框则会消失，如图 3-28 右图所示。

图 3-28　选区

2. 选择选区

上述示范操作，学习了两种选区绘制工具，实际上绘制选区有很多工具可供选择，以下介绍其他绘制工具。

（1）使用快速选择工具选择。可以使用快速选择工具 ，利用可调整的圆形画笔笔尖快速"绘制"选区。拖动时，选区会向外扩展并自动查找和跟随图像中定义的边缘。

1）选择快速选择工具。如果该工具未显示，请按住魔棒工具。

2）在选项栏中，单击以下选择项之一："新建""添加到"或"相减"。"新建"是在未选择任何选区的情况下的默认选项。创建初始选区后，此选项将自动更改为"添加到"。

3）若要更改画笔笔尖大小，请单击选项栏中的"画笔"弹出式菜单并键入像素大小或拖动滑块。使用"大小"弹出菜单选项，使画笔笔尖大小随钢笔压力或光笔轮而变化。

注意：在建立选区时，按右方括号键"]"可增大快速选择工具画笔笔尖的大小；按左方括号键"["可减小快速选择工具画笔笔尖的大小。

4）选取"快速选择"选项。

对所有图层取样：基于所有图层（而不是仅基于当前选定图层）创建一个选区。

自动增强：减少选区边界的粗糙度和块效应。"自动增强"自动将选区向图像边缘进一步流动并应用一些边缘调整，也可以通过在"调整边缘"对话框中使用"对比度"和"半径"选项手动应用这些边缘调整。

5）在要选择的图像部分中绘画。选区将随着你绘画而增大。如果更新速度较慢，应继续拖动以留出时间来完成选区上的工作。在形状边缘的附近绘画时，选区会扩展以跟随形状边缘的等高线，如图 3-29 所示。如果停止拖动，然后在附近区域内单击或拖动，选区将增大以包含新区域。

（2）使用魔棒工具选择。魔棒工具使你可以选择颜色一致的区域（例如，一朵红花），而不必跟踪其轮廓。指定相对于你单击的原始颜色的选定色彩范围或容差。注意：不能在位图模式的图像或 32 位 / 通道的图像上使用魔棒工具。

1）在左侧工具栏选择魔棒工具如图 3-30 所示。如果该工具未显示，请按住快速选择工具访问该工具。

图 3-29　快速选择工具　　　　　　　　　　　　　　　图 3-30　魔棒工具

2）在选项栏中指定一个选区选项。魔棒工具的指针会随选中的选项而变化，如图 3-31 所示。

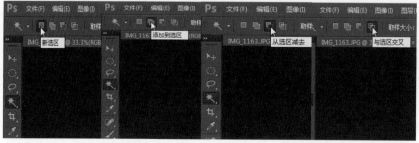

图 3-31　选区选项

3）魔棒工具选项栏如图 3-32 所示。

容差：确定所选像素的色彩范围。以像素为单位输入一个值，范围介于 0 到 255 之间。如果值较低，则会选择与所单击像素非常相似的少数几种颜色。如果值较高，则会选择范围更广的颜色。

消除锯齿：创建较平滑边缘选区。

连续：只选择使用相同颜色的邻近区域。否则，将会选择整个图像中使用相同颜色的所有像素。

对所有图层取样：使用所有可见图层中的数据选择颜色。否则，魔棒工具将只从现用图层中选择颜色。

图 3-32　魔棒工具选项栏

（3）使用选框工具进行选择。选框工具允许你选择矩形、椭圆形和宽度为 1 个像素的行和列。

1）选择选框工具。

矩形选框 [ ]：建立一个矩形选区（配合使用 Shift 键可建立方形选区）。

椭圆选框 ○：建立一个椭圆形选区（配合使用 Shift 键可建立圆形选区）。

单行或单列选框：将边框定义为宽度为 1 个像素的行或列。

2）在选项栏中指定一个选区选项，如图 3-33 所示。

图 3-33　选区选项栏

3）在选项栏中指定羽化设置，如图 3-34 所示。

图 3-34　羽化设置

4）对于矩形选框工具或椭圆选框工具，请在选项栏中选取一种样式，如图 3-35 所示。

正常：通过拖动确定选框比例。

固定比例：设置高宽比。输入长宽比的值（十进制值有效）。例如，若要绘制一个宽是高两倍的选框，请输入宽度 2 和高度 1。

固定大小：为选框的高度和宽度指定固定的值，输入整数像素值。

注意：除像素（px）之外，还可以在高度值和宽度值中使用特定单位，如英寸（in）或厘米（cm）。

图 3-35　样式

5）为使选区与参考线、网格、切片或文档边界对齐，请通过执行下列操作之一来对齐选区：

选取"视图">"对齐"或选取"视图">"对齐到"，然后从子菜单中选取命令。选框工具可以与文档边界或各种 Photoshop 额外内容对齐，具体的对齐方式由"对齐到"子菜单控制。

6）执行下列操作之一来建立选区。

a）使用矩形选框工具或椭圆选框工具，在要选择的区域上拖移。

b）按住 Shift 键时拖动可将选框限制为方形或圆形（要使选区形状受到约束，请先释放鼠标按钮再释放 Shift 键）。

c）若要从选框的中心拖动它，请在开始拖动之后按住 Alt 键，如图 3-36 所示，在拖动时按住 Alt 键，可以从图像的一角（左图）和图像中心（右图）拖动选框。

图 3-36　拖动选区

d）对于单行或单列选框工具，在要选择的区域旁边单击，然后将选框拖动到确切的位置，如图 3-37 所示。如果看不见选框，则增加图像视图的放大倍数。

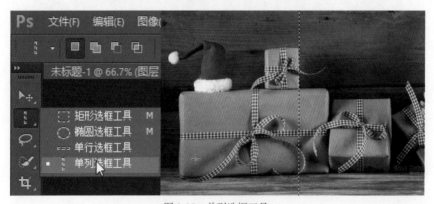

图 3-37　单列选框工具

注意：要重新放置矩形或椭圆选框，请首先拖动以创建选区边框，在此过程中要一直按住鼠标按钮。然后按住空格键并继续拖动。如果需要继续调整选区的边框，请松开空格键，但要一直按住鼠标按钮。

（4）使用套索工具选择。

1）在工具栏选择套索工具 🔾，然后在选项栏中设置羽化和消除锯齿，如图 3-38 所示。

2）要添加到现有选区、从现有选区减去或与现有选区交叉，请单击选项栏中对应的按钮，如图 3-39 所示。

图 3-38 套索工具

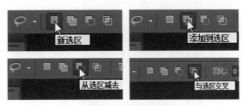

图 3-39 选区选项栏

3）执行以下任一操作。

a）拖动以绘制手绘的选区边界。

b）若要在手绘线段与直边线段之间切换，请按 Alt 键，然后单击线段的起始位置和结束位置。若要抹除最近绘制的直线段，则按下 Delete 键。

4）若要闭合选区边界，请在未按住 Alt 键时释放鼠标。

5）可选单击"调整边缘"进一步调整选区边界。

（5）使用多边形套索工具选择。

1）在工具栏选择多边形套索工具，并选择相应的选项，如图 3-40 所示。

2）在选项栏中指定一个选区选项，如图 3-41 所示。

图 3-40 多边形套索工具

图 3-41 选区选项栏

3）（可选）在选项栏中设置羽化和消除锯齿，如图 3-42 所示。

图 3-42 羽化和消除锯齿

4）若要绘制直线段，请将指针放到你要第一条直线段结束的位置，然后单击。继续单击，设置后续线段的端点。若要绘制一条角度为 45°的倍数的直线，请在移动时按住 Shift 键以单击下一条线段。若要绘制手绘线段，请按住 Alt 键并拖动。完成后，松开 Alt 键以及鼠标按钮。若要抹除最近绘制的直线段，请按 Delete 键。

5）关闭选框：将多边形套索工具的指针放在起点上（指针旁边会出现一个闭合的圆）并单击。如果指针不在起点上，请双击多边形套索工具指针，或者按住 Ctrl 键并单击。

6）单击"调整边缘"进一步调整选区边界。

（6）使用磁性套索工具选择。

1）在工具栏选择磁性套索工具，如图 3-43 所示。

2）在选项栏中指定一个选区选项，如图 3-44 所示。

图 3-43　磁性套索工具

图 3-44　选区选项栏

3）宽度、对比度、光笔压力选项，如图 3-45 所示。

图 3-45　宽度、对比度、光笔压力选项

a）宽度：如果要指定检测宽度，在"宽度"栏里输入像素值。磁性套索工具只检测从指针开始指定距离以内的边缘。

b）对比度：如果要指定套索对图像边缘的灵敏度，在对比度中输入一个介于 1% 和 100% 之间的值。较高的数值将只检测与其周边对比鲜明的边缘，较低的数值将检测低对比度边缘。

c）频率：如果要指定套索以什么频度设置紧固点，请为"频率"输入 0 到 100 之间的数值。较高的数值会更快地固定选区边框。

d）光笔压力：如果正在使用光笔绘图板，请选择或取消选择"光笔压力"选项。选中了该选项时，增大光笔压力将导致边缘宽度减小。

（7）用套索工具选择选区。在图像中单击，设置第一个紧固点。紧固点将选框固定住。释放鼠标按钮，或按住它不动，然后沿着要跟踪的边缘移动指针，刚绘制的选框线段保持为现用状态。当移动指针时，现用线段与图像中对比度最强烈的边缘（基于选项栏中的检测宽度设置）对齐。磁性套索工具定期将紧固点添加到选区边框上，以固定前面的线段。如果边框没有与所需的边缘对齐，则单击一次以手动添加一个紧固点。继续跟踪边缘，并根据需要添加紧固点，如图 3-46 所示。

图 3-46　用套索工具选择选区

1）要启动套索工具，请按住 Alt 键并按住鼠标按钮进行拖动。若要启动多边形套索工具，请按住 Alt 键并单击。

2）若要抹除刚绘制的线段和紧固点，请按 Delete 键直到抹除了所需线段的紧固点。

3）若要用磁性线段闭合边框，请双击或按 Enter 或 Return 键。若要手动关闭边界，请拖动回起点并单击。若要用直线段闭合边界，请按住 Alt 键并双击。

4）单击"调整边缘"进一步调整选区边界。

3. 调整选区

（1）移动、隐藏选区或使选区反相。

1）移动选区边界。

a）使用任何选区工具，从选项栏中选择"新选区"，然后将指针放在选区边界内。指针将发生变化，指明你可以移动选区，如图 3-47 所示。

b）拖动边框围住图像的不同区域。可以将选区边框局部移动到画布边界之外。当你将选区边框拖动回来时，原来的边框以原样再现。还可以将选区边框拖动到另一个图像窗口。

图 3-47　移动选取边界

2）控制选区的移动。

a）要将方向限制为 45°的倍数，请开始拖动，然后在继续拖动时按住 Shift 键。

b）要以 1 个像素的增量移动选区，请使用箭头键。

c）要以 10 个像素的增量移动选区，请按住 Shift 键并使用箭头键。

3）隐藏或显示选区边缘。

a）选择"视图"＞"显示额外内容"。此命令可以显示或隐藏选区边缘、网格、参考线、目标路径、切片、注释、图层边框、计数以及智能参考线，如图 3-48 所示。

b）选取"视图"＞"显示"＞"选区边缘"。这将切换选区边缘的视图并且只影响当前选区。在建立另一个选区时，选区边框将重现，如图 3-49 所示。

图 3-48　显示额外内容

图 3-49　选区边缘

4）选择图像中未选中的部分：选取"选择"＞"反向"。

（2）手动调整选区。

1）添加到选区或选择附加选区。

a）建立选区。

b）使用任何选区工具，执行下列任一选项：

方法一：在选项栏中选择"添加到选区"选项，然后拖动添加到选区。

方法二：按住 Shift 键并拖动以添加到选区。

2）从选区中减去。

a）建立选区。

b）使用任何选区工具，执行下列任一选项：

方法一：在选项栏中选择"从选区中减去"选项，然后拖动以使其与其他选区交叉。

方法二：按住 Alt 键并拖动以减去另一个选区。

3）仅选择与其他选区交叉的区域。

a）建立选区。

b）使用任何选择工具，执行下列操作之一：

方法一：在选项栏中选择"与选区交叉"选项 ⬚，然后拖动。

方法二：按住 Alt+Shift 组合键，然后在要选择的原始选区的部分上拖动。

（3）在选区边界周围创建一个选区。

a）使用选区工具建立选区。

b）选取"选择" > "修改" > "边界"。

c）为新选区边界宽度输入一个 1 到 200 之间的像素值，然后单击"确定"，如图 3-50 所示。

图 3-50　在选区边界周围创建选区

（4）清除基于颜色的选区中的杂散像素。

1）选取"选择" > "修改" > "平滑"。

2）对于"取样半径"，输入 1 到 100 之间的像素值，然后单击"确定"，如图 3-51 所示。

图 3-51　清除杂散像素

（5）调整选区边缘。

1）"调整边缘"选项可提高选区边缘的质量，从而方便抽出对象。还可以使用"调整边缘"选项来调整图层蒙版。

2）单击选项栏中的"调整边缘"，或选取"选择"＞"调整边缘"，如图3-52所示。

3）边缘检测。

a）调整半径工具和抹除调整工具——工具栏这些工具可以精确调整发生边缘调整的边界区域。要从一种工具快速切换到另一种工具，可按Shift+E组合键。要更改画笔大小，可按括号键。

b）智能半径——自动调整边界区域中发现的硬边缘和柔化边缘的半径。如果边框一律是硬边缘或柔化边缘，或者要控制半径设置并且更精确地调整画笔，则取消选择此选项。

c）半径——确定发生边缘调整的选区边界的大小。对锐边使用较小的半径，对较柔和的边缘使用较大的半径。

4）调整边缘面板如图3-53所示。

a）平滑——减少选区边界中的不规则区域（"山峰和低谷"）以创建较平滑的轮廓。

b）羽化——模糊选区与周围的像素之间的过渡效果。

c）对比度——增大时，沿选区边框的柔和边缘的过渡会变得不连贯。通常情况下，使用"智能半径"选项和调整工具效果会更好。

图3-52　调整边缘

图3-53　调整边缘面板

d）移动边缘——使用负值向内移动柔化边缘的边框，或使用正值向外移动这些边框。向内移动这些边框有助于从选区边缘移去不想要的背景颜色。

（6）柔化选区边缘。

1）消除锯齿——通过软化边缘像素与背景像素之间的颜色过渡效果，使选区的锯齿状边缘平滑。

2）羽化——通过建立选区和选区周围像素之间的转换边界来模糊边缘。

3）使用消除锯齿功能选择像素。

a）选择套索工具、多边形套索工具、磁性套索工具、椭圆选框工具或魔棒工具。

b）在选项栏中选择"消除锯齿"选项。

4）为选择工具定义羽化边缘。

a）选择任一套索或选框工具。

b）在选项栏中输入"羽化"值。此值定义羽化边缘的宽度，范围可以是0到250像素。

5）为现有选区定义羽化边缘。

a）选择"选择"＞"修改"＞"羽化"。

b）输入"羽化半径"的值，然后单击"确定"，羽化效果如图3-54所示。

图 3-54　羽化选区

（7）从选区中移去边缘像素。

1）选取"图层">"修边">"去边"。

2）在"宽度"框中输入一个值，以指定要在其中搜索替换像素的区域。大多数情况下，1 或 2 像素就足够了。

3）单击"确定"。

任务4　图片裁切和大小处理

前面我们已经初步接触了 Photoshop，对 Photoshop 有了大致的整体印象，从这个任务开始要系统的学习 Photoshop 的应用，所选任务也都是生活中经常用到的。本章任务是关于图片的大小与图片的裁切。裁切是指移去部分图像，以突出或者加强构图的效果。使用工具栏的"裁切工具"可以剪掉多余的图像，并重新定义画布的大小。我们自己用数码相机或者手机拍摄的照片要上传到论坛、微博、朋友圈或是制作到网页中，就需要用到这方面的知识。

 学习目标

完成本训练任务后，你应当能（够）：
- 会使用裁切工具裁切图片。
- 会使用透视裁切工具裁切图片。
- 会设置图片大小。
- 掌握图像的大小和分辨率的关系。
- 掌握裁切图像和调整图像大小的相关知识。

通过原图（见图 4-1）跟处理后图片（见图 4-2）的比较，我们可以看出图片被重新构图，裁切掉了一部分，并且添加了变形效果，裁切工具是我们在图像处理中经常用到的。

图 4-1　原图

图 4-2　处理后的图片

将图 4-1 所示的原图修复成图 4-2 所示的效果，通常需要图 4-3 几个步骤。

图 4-3　流程图

 示范操作

1. 步骤一：打开图片

打开 Photoshop CC 2018，选择一张合适的人物照片，也可以自己拍摄，然后在 Photoshop

中打开照片，照片打开在软件里的状态如图 4-4 所示。

图 4-4　打开图片

图 4-4 中这张照片看起来并不是很大，其实这是软件自动缩小了的。图片的真实大小，仅凭眼睛是分辨不出来的。想要知道图片的实际大小，可执行 "图像—图像大小" 命令，打开图像大小对话框，如图 4-5 所示。这张图片的原图宽度是 42.33cm，长度是 31.75cm，文件量大小是 19.3M。我们可以用 Photoshop 来改变它的长宽值，并改变它的大小，以适应网页与论坛的需要。一张图片，如果放大到了超过它的原先尺寸，它就会出现马赛克，图片就会不清晰。另外，有些图片需要进行选题与裁剪，让它更加突出主题，更加精练。

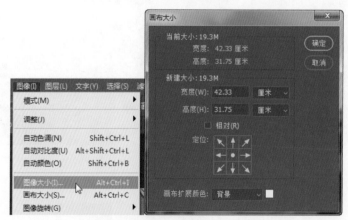

图 4-5　图像大小

在 PS 中打开这张图片，如图 4-6 左图所示，我们所看到的图片也不是它的真实大小，而是 PS 软件自动调整的适当的工作面显示大小。在状态栏中显示的 33.3%，如图 4-6 右图所示，说明画布上的图只是原始图片的 1/3 大小。如果是百分之百的话，它的真实大小在 1024×768 的电脑屏幕上是放不下的。

图 4-6 打开图片到 Photoshop 里

同样，执行"图像—图像大小"命令，可调出图像大小对话框，对话框中有所打开图片的详细大小信息，包括尺寸和分辨率等，操作过程及操作结果如图 4-7 所示。对话框中的这些参数都是可以根据需要调整的。

图 4-7 调整图片大小对话框

2. 步骤二：裁切图片

（1）现在我们就来学习如何裁剪图片。在工具栏点击"裁剪工具"，如图 4-8 左所示，然后在画布上拖拉鼠标，在我们需要留下的画面上划出一个矩形后松手。这时，我们可以看到，矩形之外的画面变暗了，变暗的部分就是将要裁去的画面，如图 4-8 右所示。

图 4-8 裁切图片

（2）我们可以移动调整框中的那些小方块进行调整，如图 4-9 左图所示，还可以拖住右下角把矩形框旋转，如图 4-9 右图所示，直到调整到满意的角度为止。现在我们要考虑的只是画面的精练与美观，长与宽的比例，而不必考虑它的尺寸大小与文件量的大小。这方面过后我们会再进行处理。当对选取的画面满意后，按回车键确认，这样图片就裁切完成了，我们要的部分即矩形框内的画面被留下来了，其他部分就消失了，裁切后的图片如图 4-10 所示。图片裁切能帮助我们重新构图，把照片中不需要的部分裁切掉，是照片后期处理中用的最多的一个功能。

图 4-9　调整裁切选区

图 4-10　裁切完成的图片

3. 步骤三：调整图片大小

（1）裁切后的图片去掉了很多杂乱的人物，看起来比之前更加简洁，主体也更加的突出。现在我们看一下裁切后的图片的大小吧。执行"图像"—"图像大小"命令，调出图像大小对话框，如图 4-11 所示。显示图片的大小是 1559×1136 像素，这就是经过裁切改后的照片的真实大小。而我们在电脑屏幕上看到的显示大小也不是它的真实大小，也是因为在 PS 中的工作区大小无法一比一展示。看一张图片是不是真实大小，只要看图片上边沿的文件名后面是不是100% 就可以了。

图 4-11 调整图片大小

在 Photoshop 中显示的这张图片大小只有原图的 1/4，可按"Ctrl++"和"Ctrl+-"可以放大和缩小预览画面，如图 4-12 所示。

图 4-12 图像预览大小

（2）现在我们要把图片的长与宽缩小。在图像大小对话框中可以看到现在的尺寸是 1559×1136 像素，一般情况下我们是把图片缩小，而不是放大。因为放大会影响到画面的质量，同时也尽量把长与宽按比例缩小，这样才不会失真。这就是要在把宽度和高度之间的链接图标点选上，如图 4-13 红框部分所示，假定你想把图片的宽度缩小到 800 像素，就把原来的 1559 改成 800，PS 会自动的根据比例调整高度，点击"确定"，图片就会按比例缩小了，如图 4-14 所示。如果没有点选链接宽度和高度的突变，如果你改变宽度的话，高度不会跟着宽度等比的变化，这样调整出来的图片就是变形的，大家可以自己试试。

图 4-13 调整尺寸

图 4-14　改变尺寸后的照片

（3）修改后的尺寸是 800×583 像素，几乎只有原图的一半大小。如果现在把图片保存起来，它的画面不变而长与宽都变小了，文件大小自然也变小了。调整好合适的尺寸再上传到微博、微信或者空间相册里面去，这样就不会因为文件过大而影响在网络上点开图片的速度，当然图片也不能弄的太小，太小会影响图片的质量，让图片变得模糊影响观赏的效果。

4. 步骤四：透视裁切

（1）单击右侧工具箱中的"透视裁切工具"按钮，在画面中绘制一个裁剪框，如图 4-15 所示。

图 4-15　透视裁切

（2）将光标定位到裁剪框的一个控制点上，单击并且向里面拖动，如图 4-16 所示。

图 4-16　调整裁切角度

（3）用同样的方法调整其他的控制点，如图 4-17 左图所示，调整完成后按回车键确定，即可得到带有透视感的画面效果，如图 4-17 右图所示。

图 4-17　椭圆形虚线里面的部分是需要保留的

5. 步骤五：保存结果

按照前面学过的保存文件方法，保存该文件。

 练一练

选择一张图片，用本任务中学到的方法裁切和重新构图，让画面更加和谐。

 相关知识与技能点 1——图像大小和分辨率

1. 关于像素尺寸和打印图像分辨率

（1）像素尺寸测量了沿图像的宽度和高度的总像素数。分辨率是指位图图像中的细节精细度，测量单位是像素 / 英寸 (ppi)。每英寸的像素越多，分辨率越高。一般来说，图像的分辨率越高，得到的印刷图像的质量就越好。图 4-18 中左图分辨率为 300ppi，右图分辨率为 72ppi，可以明显看到左边图片的清晰度高于右边。

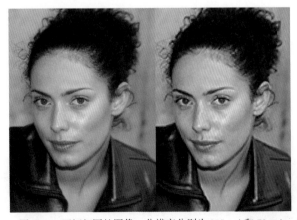

图 4-18　两幅相同的图像，分辨率分别为 300 ppi 和 72 ppi

（2）在 Photoshop 中，可以在"图像大小"对话框中查看图像大小和分辨率之间的关系（选取"图像" > "图像大小"），如图 4-19 所示。取消选择"重定图像像素"，因为你不想更改照片中的图像数据量。然后更改宽度、高度或分辨率。一旦更改某一个值，其他两个值也会相应改变。选择"重定图像像素"选项后，可以更改图像的分辨率、宽度和高度以适应打印或屏幕显示的需要。

2. 文件大小

（1）图像的文件大小是图像文件的数字大小，以千字节（K）、兆字节（MB）或千兆字节（GB）为度量单位。文件大小与图像的像素大小成正比。图像中包含的像素越多，在给定的打印尺寸上显示的细节也就越丰富，但需要的磁盘存储空间也会增多，而且编辑和打印的速度可能会更慢。因此，在图像品质（保留所需要的所有数据）和文件大小难以两全的情况下，图像分辨率成为了它们之间的折中办法。

（2）影响文件大小的另一个因素是文件格式。由于 GIF、JPEG、PNG 和 TIFF 文件格式使用的压缩方法各不相同，因此，即使像素大小相同，不同格式的文件大小差异也会很大。同样，图像中的颜色位深度和图层及通道的数目也会影响文件大小。

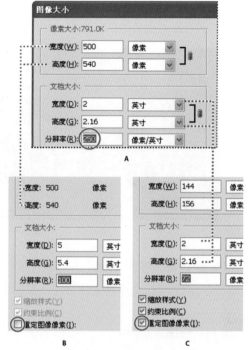

图 4-19　图像大小对话框

（3）Photoshop 支持的最大像素大小为每个图像 300，000×300，000 像素。该限定限制了图像可用的打印尺寸和分辨率。

（4）文件大小和像素的关系。

1）像素总量 = 宽度 × 高度（以像数点计算）

2）文件大小 = 像素总量 × 单位像素大小（byte）

3）位像素大小计算：最常用的 RGB 模式中 1 个像素点等于 3 个 byte，CMYK 模式 1 个像素等于 4 个 byte，而灰阶模式和点阵模式一个像素点是 1 个 byte。

4）打印尺寸 = 像素总量 / 设定分辨率 (dpi)

 相关知识与技能点 2——图像大小调整

（1）选取"图像">"图像大小"，如图 4-20 所示。

图 4-20　调整图像大小

（2）执行下列任一操作可以修改图像预览。

1）如要更改预览窗口的大小，拖动"图像大小"对话框的一角并且调整其大小。

2）要查看图像的其他区域，在预览内拖动图像。

3）要更改预览显示比例，请按住 Ctrl 键并单击预览图像以增大显示比例。按住 Alt 键并单击以减小显示比例。单击之后，显示比例的百分比将简短地显示在预览图像的底部附近。

（3）要更改像素尺寸的度量单位，请单击"尺寸"附近的三角形并从菜单中选取度量单位。

（4）要保持最初的宽高度量比，请确保启用"约束比例"选项。如果要分别缩放宽度和高度，请单击"约束比例"图标以取消它们的链接。

（5）请执行下列任一操作：

1）要更改图像大小或分辨率以及按比例调整像素总数，请确保选中"重新采样"，并在必要时，从"重新采样"菜单中选取插值方法。

2）要更改图像大小或分辨率而又不更改图像中的像素总数，请取消选择"重新采样"。

（6）（可选）从"调整为"菜单：

1）选取预设以调整图像大小。

2）选取"自动分辨率"以为特定打印输出调整图像大小。在"自动分辨率"对话框中，指定"屏幕"值并选择"品质"。可以从"屏幕"文本框右侧的菜单中选取度量单位以更改度量单位。

（7）输入"宽度"和"高度"的值。要以其他度量单位输入值，请从"宽度"和"高度"文本框旁边的菜单中选取度量单位。新的图像文件大小会出现在"图像大小"对话框的顶部，而旧文件大小则显示在括号内。

（8）要更改"分辨率"，请输入一个新值。（可选）也可以选取其他度量单位。

（9）如果图像带有应用了样式的图层，请从齿轮图标选择"缩放样式"，在调整大小后的图像中缩放效果。只有选中了"约束比例"选项，才能使用此选项。

（10）设置完选项后，单击"确定"。

 相关知识与技能点 3——裁切图像

裁剪是指移去部分图，以突出或加强构图效果的过程。使用"裁剪工具"可以裁剪掉多余的部分，并重新定义画布的大小。选择"裁剪工具"后，在画面中拖曳出一个矩形区域，选择要保留的部分，然后按 Enter 键或双击即可完成裁剪。简单的图片裁切过程如图 4-21 所示。

图 4-21 图片裁切过程

（1）约束方式。在工具栏点击"裁切工具"，在顶部会出现裁切工具的下拉列表，在该下拉列表中可以选择多种裁切的约束比例。当只是选择"比例"的时候，裁切是不受约束可以自由定义的，如图 4-22 所示。

图 4-22　约束方式

（2）宽 × 高 × 分辨率。在这里可以输入自定义的约束比例数值，如图 4-23 所示。

图 4-23　自定义裁切比例

（3）旋转。将光标定位到裁剪框以外的区域单，并拖动光标即可旋转裁剪框，如图 4-24 所示。

图 4-24　旋转裁切画面

（4）拉直。通过在图上画一条直线来拉直图像。如图 4-25 所示。

图 4-25　拉直画面

（5）视图。在该下拉列表中可以选择裁剪的参考线的方式，包括"三等分""网格""对角""三角形""黄金比例""金色螺线"，也可以设置参考线的叠加显示方式，如图 4-26 所示。

（6）设置其他裁剪选项。在这里可以对裁剪的其他参数进行设置，如可以使用经典模式或设置裁剪屏蔽的颜色、透明度等参数，如图 4-27 所示。

图 4-26　视图　　　　　　　　　　　　图 4-27　裁剪选项

（7）删除裁剪的像素。确定是否保留或删除裁剪框外部的像素数据。如果取消选中该复选框，多余的区域可以处于隐藏状态如果想要还原裁剪之前的画面，只需要再次选择"裁剪工具"，然后随意操作即可看到原文档。

（8）像素裁切。

1）打开一张图片，如图 4-28 所示，这是一张背景颜色很统一的图片。

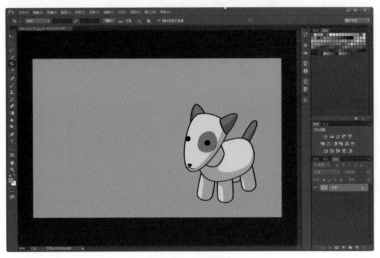

图 4-28　打开图片

2）在第一排下拉菜单执行"图像"—"裁切"命令，打开"裁切"对话框，如图 4-29 所示。

图 4-29　像素裁切

3）选择"左上角像素颜色"选项，然后按回车键确认，这样就能从图像中删除左上角像素颜色的区域，最后得到的图像如图 4-30 所示。注意这种裁切方式只适合背景颜色比较单一的图片。

图 4-30　裁切图片

任务5 无痕迹的移动人物

外出旅游、摄影工作、生活记录的过程中，经常由于时间匆忙，很多风景只是惊鸿一睹，所以拍摄的时候构图总是不尽人意，需要后期二次构图。或者也常会遇到一些远摄或近拍的需求，例如在树上看到漂亮的鸟儿或是美丽的小花，想给它们来个漂亮的特写，但却没有焦段适当的望远镜头或微距镜头，达成心中理想的构图和画面。这时，若没有印刷需求的尺寸限制，则可先以现有的镜头捕捉适当画面，再通过一定程度的裁切来实现本来的拍摄想法，所以二次构图经常可以化腐朽为神奇，赋予照片新的生命。

构图合理的照片能够将观赏者的视线一下引导至画面主题，而不是被繁杂的背景分散注意力。即使照片的构图不太理想，也可以通过在 PS 内对其进行裁剪的方法来改变画面的构图形式。本次任务教你如何通过后期重新构图让照片更加完美。

选择一张图片，（见图 5-1），经过重新构图和调整变成图 5-2 所示效果，颜色更加艳丽，构图更加合理。

图 5-1　原图

图 5-2　完成后的图

 学习目标

完成本训练任务后，你应当能（够）：

- 会使用调整图层。
- 会按比例和尺寸裁切图片。
- 会使用内容感知移动和仿制图章。
- 会简单的构图。
- 了解图片的色彩校正知识。
- 了解图片比例和图片尺寸。

通过原照片跟处理后照片的比较，我们可以看出差别：

（1）原图颜色比较灰暗，拍摄的时候相机没有端正，导致画面有点倾斜，人物在画面的正中间，构图不是很完美。

（2）修复后的照片颜色明亮了很多，更有层次，照片比例调整为 3∶2，这样海面看起来更加的开阔，人物从画面的正中间被移动到了左侧，构图看起来更加的和谐。

将图 5-1 所示的原图处理成图 5-2 所示的照片，需要图 5-3 所示几个步骤。

图 5-3　操作流程

 示范操作

1. 步骤一：使用调整图层简单调色

（1）打开 Photoshop CC 2018 软件，执行菜单"文件—打开"命令，选择一张照片打开，如图 5-4 所示。

图 5-4　打开图片到 Photoshop 里

此时照片的颜色很灰暗，可以稍微矫正一下，让颜色更加靓丽些，这就需要用到"新建调整图层"。新建调整图层可将颜色和色调调整应用于图像，而不会永久更改像素值。例如，可以创建"色阶"或"曲线"调整图层，而不是直接在图像上调整"色阶"或"曲线"。新建调整图层我们在后面的任务中还会详细学习。

新建调整图层有以下优点：

1）编辑不会造成破坏。我们可以不断尝试不同的设置并随时重新编辑调整图层，也可以通过降低该图层的不透明度来减轻调整的效果。

2）编辑具有选择性。在调整图层的图像蒙版上绘画可将调整应用于图像的一部分。稍后，通过重新编辑图层蒙版，我们可以控制调整图像的某些部分，通过使用不同的灰度色调在蒙版上绘画，可以改变调整。

（2）点击"图像"—"自动对比度"，调整一下照片的对比度，如图 5-5 所示。

图 5-5 自动对比度

（3）添加"曲线调整"图层。具体方式是点击图层面板下面"创建新的填充或调整图层"
按钮，然后选择"曲线"，参数设置如图 5-6 所示。

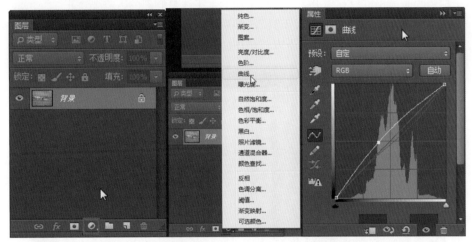

图 5-6 创建"曲线调整图层"

（4）添加"可选颜色"调整图层。具体方式是点击图层面板下面"创建新的填充或调整图
层"按钮，如图 5-7 左图所示。然后选择"可选颜色"，如图 5-7 中图所示，参数设置如图 5-7
右图所示，青色设置为"+100"，这样是为了让海水的蓝色更加蓝，根据图片效果的需要可以
多重复几次。

图 5-7 创建"可选颜色"调整图层

（5）调整前和调整后的效果对比如图 5-8 所示，调整后颜色饱和了很多。

图 5-8　调整前和调整后的效果对比

2. 步骤二：矫正水平线

由于拍照的时候相机没有端平，导致海平面的水平线是倾斜的，需要矫正。

（1）在左侧工具栏里选择"标尺工具"，然后顺着海天相接的地方画一条直线，如图 5-9 所示。为了让读者看清楚，红线箭头下方就是用标尺画的线。

图 5-9　用标尺工具画出直线

（2）执行菜单"图像—图像旋转—任意角度"命令，会跳出一个对话框，然后点击"确定"，这时照片会自动旋转，拍摄时相机没有水平拿稳导致照片水平线倾斜的角度问题就被校正了，如图 5-10 所示。

图 5-10　水平矫正

（3）图像水平角度校正之后画面边缘会有不规整的白边需要对照片进行一下裁切。点击工具箱的裁切工具，在下拉菜单里选择"比例"，然后把比例设置为3∶2，如图5-11所示，这时画布上会出现一个裁切框，调整到自己所需要的范围，按回车键确定即可。

图5-11　裁切照片重新构图

3. 步骤三：移动人物

照片中人物处在画面的正中间，从构图的黄金分割原则来说不是很合理，如果把人物稍微往左移动一些视觉上来说会更加舒服，在Photoshop里，我们想移动人物的位置（比如将人物从照片右侧移动到左侧），其实这个问题不难解决，用内容感知移动工具就能很轻松地做到。

（1）点击左侧工具栏选择"内容感知移动工具"，然后我们用内容感知移动工具把所要移动的区域大致勾选出来。说明一下，图中人物在沙滩上有投影和倒影，所以最好把投影和倒影也一起移动过去，否则后面处理起来会比较麻烦，如图5-12所示。

图5-12　用内容感知工具选择人物

（2）将所选区域拖动（点击鼠标左键不放向右拖动）到照片的左侧，拖动到照片左侧之后，松开鼠标左键，等待几秒，会弹出移动的进程情况，如图5-13所示，注意照片所在图层要为当前图层，移动后的效果如图5-14所示，很多地方还不是很完美，看得出移动后的痕迹。

图 5-13　移动选区

图 5-14　移动后的效果

（3）至此基本上完成，剩下的就是调整。右下角的位置可以很明显地看出边界的不同，如图 5-15 箭头所示，这一步主要使用的工具是仿制图章工具。

图 5-15　仿制图章

（4）点击工具栏的"仿制图章"工具，用仿制图章在红色矩形框所在的区域取样（鼠标移动到该区域，按住 Alt 键），取样后在红色椭圆选框适当区域进行涂抹，如图 5-16 所示，直到看不出明显的移动痕迹为止（可以用放大镜工具放大，然后再进行细化）。

图 5-16　用仿制图章工具修复画面

（5）修复后的图片如图 5-17 所示。

图 5-17　最终效果

4. 步骤四：保存结果

参照之前学过的方法，保存结果文件。

 练一练

用本次任务学到的知识点，自己选择一张照片进行重新构图和调整，以达到更好的画面效果。

 相关知识与技能点 1——摄影构图基础

构图是表现作品内容的重要因素，是作品中视觉艺术语言的组织方式。摄影构图就是指如何把人、景、物巧妙地安排在画面当中，以获得最佳布局的方法。同时，也是把形象结合起来并揭示形象的全部手段。每一个摄影题材，不论是平淡还是宏伟，重大还是普通，都蕴含着视觉之美。当我们在取景窗前观察生活中的具体物体时，例如人、树、房、花等，应把它们看做是形态、线条、质地、明暗、颜色、用光等的结合体。构图既是在构思阶段把所要拍摄的人物或者是景物典型化了以强调和突出的手段，舍弃那些表面的、次要的元素，恰当安排主次的关系，从而使作品比现实生活更完善、更典型、更理想，以增强艺术效果。总的来说，把自己的思想情感通过图片的表达，完美展现发现美，这就是构图的目的。

构图也有很多方法技巧，掌握了一些方法和技巧就能拍下很多美丽的照片，我们这里简单讲述一下基础的构图技巧。

1. 平衡式构图

平衡式构图的画面不是左右两边景物形状、数量、大小、排列的对称，而是相等或者相近形状、数量、大小的不同排列，给人以视觉上的稳定，是一种相互呼应，是运用近重远轻、近大远小、深重轻浅等透视规律和视觉习惯的艺术平衡。大小的变化：不要两个物体的大小相同。平衡式构图及注意事项：颜色的变化，颜色亮的占的比例小些，暗的比例大些。这种方式常用于月夜、水面、夜景、新闻等题材，如图 5-18 所示。

图 5-18　平衡式构图

2. 变化式构图

　　变化式构图又称作留白式构图，这种构图方式是将景物故意安排在某一角或某一边，留出大部分空白画面，画面上的空白是组织画面上各对象之间相互关系的纽带，能给人以思考和想象，并留下进一步判断的余地，富于韵味和情趣，山水小景、体育运动、艺术摄影、幽默等照片常用这个构图方式，如图 5-19 所示。

图 5-19　变化式构图

3. 对角线构图

　　对角线构图从字面上很好理解，就是将主体在照片中的位置放在尽量靠近相对应的两个角上。相对于横平竖直的构图方法，对角线构图更加活泼生动，还可以让视角更加开阔。这种构图的图片中物体在画幅中两对角的连线，近似于对角线，名由形状来定的，设计中的一种技法，在建筑、美术、工业设计中也广泛使用。把主体安排在对角线上，能有效利用画面对角线的长度，同时也能使陪体与主体发生直接关系，因此该种构图方式得到的图片富于动感，显得活泼，容易产生线条的汇聚趋势，吸引人的视线，达到突出主体的效果，如图 5-20 所示。

图 5-20　对角线构图

4. 紧凑式构图

　　这种构图方式能将景物主体以特写的形式加以放大，使其以局部布满画面，具有紧凑、细腻、微观等特点，对刻画人物的面部往往能达到传神的境地，在体育摄影中，利用紧凑式构图法对运动员进行特写，如展现其运动后汗流浃面的场景，能够起到很好的效果。紧凑式构图如图 5-21 所示。

图 5-21　紧凑式构图

5. 对称式构图

　　对称式构图具有平衡、稳定的特点，符合人们的审美趋向。此外物体的重复出现也起到了强调的作用，能给读者留下深刻的印象。在拍摄有倒影的河流、湖畔、对称式的物体、重复出现的物体时，这种构图方式经常使用。对称法构图：以中央为界，两侧或上下图形对应相同，则为对称式平衡构图。对称法是中国传统的构图方法，广泛运用在建筑领域里。在拍摄花卉或昆虫鸟类时，可以得到很生动的效果，对称法，可以是上下对称也可以是左右对称。对称式构图如图 5-22 所示。

图 5-22 对称式构图

6. X 形构图

X 形对称象征着高度整体统一，是一种完美，和谐的代表，在摄影中，对称是静止、拘谨、单调的象征，画面显得较为严谨，但对称式构图在突出主体整齐的同时，还可以是生动的，有所变化的，需要注意的是，在一幅照片中尽量避免交叉对称，这样会使画面看上去杂乱无章。常用于建筑、大桥、公路、田野等题材，如图 5-23 所示。

图 5-23 X 形构图

7. 九宫格构图

九宫格构图，是最为常见、最基本的构图方法，如果把画面当作一个有边框的面积，把左、右、上、下四个边都分成三等分，然后用直线把这些对应的点连起来，画面中就构成一个井字，画面面积分成相等的九个方格，这就是我国古人所称"九宫格"，井字的四个交叉点就是趣味中心。当然，还有平衡式、对称式、交叉式、对角式等构图法，但九宫格是最基本、渊源最长的构图法，如图 5-24 所示。

图 5-24　九宫格构图

8. S 形构图

　　"S"形构图是指物体以"S"的形状从前景向中景和后景延伸，画面构成纵深方向的空间关系的视觉感，自然界的河流、人造的各种曲线建筑都是拍摄 S 形构图的良好素材，曲线与直线的区别在于画面更为柔和、圆润。不同景深之间通过 S 形元素去贯通，可以很好地营造空间感，给人想象的空间。这在人像拍摄的时候同样是适用的，带有曲线元素的画面让人物造型变得更加丰富，免除了平淡和乏味。S 形构图如图 5-25 所示。

图 5-25　S 形构图

9. 三角形构图

　　正三角形有安定感，逆三角形则具有不安定动感效果。以三个视觉中心为景物的主要位置，有时是以三点成一面的几何形成安排景物的位置，形成一个稳定的三角形。这种三角形可以是正三角，也可以是斜三角或倒三角。其中斜三角形较为常用，也较为灵活。三角形构图具有安定、均衡、灵活等特点，如图 5-26 所示。

图 5-26 三角形构图

10. 放射式构图

这种构图方式将主体放在图片的中心，而四周景物呈朝中心集中的构图形式。放射式构图的运用要结合实际情况而定，大多应用于大型花序的花卉（单片花瓣面积较大，花瓣分布松散）。这类花卉以花蕊为中心，花瓣以放射状围绕，一圈一圈向内缩小。放射式构图适于表现花卉的花蕊部分，适于使用微距镜头记录花蕊的质感和细节，当然也适于正面拍摄花卉的特写。这种构图方式能将人的视线强烈引向主体中心，并起到聚集的作用，因此具有突出主体的鲜明特点，但有时也可产生压迫中心，局促沉重的感觉。放射式构图如图 5-27 所示。

图 5-27 放射式构图

11. 平行线构图法

在植物中，很多是树枝很直，俊俏挺拔的，要想表现这种植物，就可以选取具有平行线的部分进行构图，可以是竖的，也可以是斜的，尽量不要横放，除非这种植物本身就是横向生长的，否则就给人一种不自然的感觉，关键一点，要想图片看着舒服，就要依植物生长的自然角度，稍作加工，不能违背自然科学的规律。平行线构图法可以表现为垂直式，既可以表现以竖线条为主的主体，也可以时水平式，主要表现以水平线条为主的花圃，草地、花束等。平行线构图法如图 5-28 所示。

图 5-28　平行线构图法

12. 对分式构图

对分式构图可以将画面左右、上下划分比例 2：1 的两部分，形成左右呼应和上下呼应的效果，表现的空间从而也能变得宽阔起来。其中画面的一部分是主体，另一部分是陪衬体。这种构图方式常用于人物、运动、风景、建筑等题材，如图 5-29 所示。

图 5-29　对分式构图

13. 小品式构图

这种构图方式通过近摄等手段，并根据摄影师的想法把本来不足为奇的一些比较小的景物变成富有情趣、寓意深刻的幽默画面的一种构图方式，从而能达成一种艺术性的意境，使画面变得富有趣味并具有深刻意味，小品式构图的最大特点就是细致、精巧，如图 5-30 所示。

图 5-30　小品式构图

相关知识与技能点 2——内容识别修补和移动

1. 内容识别修补

（1）在工具栏中，按住污点修复画笔█并选择修补工具█。

（2）选项栏中如图 5-31 所示。

图 5-31　修复工具选项栏

修补：选取"内容识别"以选择内容识别选项。

结构：输入一个 1 到 7 之间的值，以指定修补在反映现有图像图案时应达到的近似程度。如果输入 7，则修补内容将严格遵循现有图像的图案。另外，如果指定 1 作为"结构"的值，则修补内容只是大致遵循现有图像的图案。

颜色：输入 0 到 10 之间的值以指定希望 Photoshop 在多大程度上对修补内容应用算法颜色混合。如果输入 0，则将禁用颜色混合。如果"颜色"的值为 10，则将应用最大颜色混合。

对所有图层取样：启用此选项以使用所有图层的信息在其他图层中创建移动的结果。在"图层"面板中选择目标图层。

（3）选择图像上要替换的区域。可以使用修补工具绘制选区，也可以使用任何其他选择工具。

（4）将选区拖曳到想要进行填充的区域上方。

2. 内容识别移动

（1）使用内容识别移动工具可以选择和移动图片的一部分。图像重新组合，留下的空洞使用图片中的匹配元素填充。不需要进行涉及图层和复杂选择的周密编辑。

（2）使用内容识别移动工具的两个模式：

1）使用移动模式将对象置于不同的位置（在背景相似时最有效）。

2）使用扩展模式扩展或收缩头发、树或建筑物等对象。若要完美地扩展建筑对象，请使用在平行透视拍摄的照片。

（3）在工具栏中，按住污点修复画笔 ✎ 并选择内容识别移动工具 ✄。

（4）选项栏如图 5-32 所示。

图 5-32 内容识别移动选项栏

模式：使用移动模式将选定的对象置于不同的位置，使用"扩展"模式扩展或收缩对象。

结构：输入一个 1 到 7 之间的值，以指定修补在反映现有图像图案时应达到的近似程度。如果输入 7，则修补内容将严格遵循现有图像的图案。另外，如果将"结构"的值指定为 1，则修补会最低程度地符合现有的图像图案。

颜色：输入 0 到 10 之间的值以指定希望 Photoshop 在多大程度上对修补内容应用算法颜色混合。如果输入 0，则将禁用颜色混合。如果"颜色"的值为 10，则将应用最大颜色混合，如图 5-33 所示，左图不带有颜色混合，右图带有颜色混合。

图 5-33 颜色混合

对所有图层取样：启用此选项以使用所有图层的信息在选定的图层中创建移动的结果，在"图层"面板中选择目标图层。

投影时变换：启用该选项后，可以对刚刚已经移动到新位置的那部分图像进行缩放。只需针对已经移动的那部分图像，调整用于控制大小的句柄即可。

（5）选择要移动或扩展的区域。可以使用"移动"工具绘制选区，也可以使用任何其他选择工具。

（6）将选区拖曳到要放置对象的区域。

 相关知识与技能点 3——修饰和修复照片

1. 使用仿制图章工具进行修饰

（1）仿制图章工具 ♣ 将图像的一部分绘制到同一图像的另一部分或绘制到具有相同颜色模式的任何打开文档的另一部分，也可以将一个图层的一部分绘制到另一个图层。仿制图章工具对于复制对象或移去图像中的缺陷很有用。

（2）选择仿制图章工具 ♣。

（3）在选项栏中，选择画笔笔尖并为混合模式、不透明度和流量设置画笔选项。

（4）在选项栏中设置选项如图 5-34 所示。

图 5-34　仿制图章选项栏

对齐：连续对像素进行取样，即使松开鼠标按钮，也不会丢失当前取样点。如果取消选择"对齐"，则会在每次停止并重新开始绘制时使用初始取样点中的样本像素。

样本：从指定的图层中进行数据取样。要从现用图层及其下方的可见图层中取样，请选择"当前和下方图层"。要仅从现用图层中取样，请选择"当前图层"。要从所有可见图层中取样，请选择"所有图层"。要从调整图层以外的所有可见图层中取样，请选择"所有图层"，然后单击"取样"弹出式菜单右侧的"忽略调整图层"图标。

（5）可通过将指针放置在任意打开的图像中，然后按住 Alt 键 (Windows) 或 Option 键 (Mac OS) 并单击来设置取样点。

（6）在"仿制源"面板中，单击"仿制源"按钮 并设置其他取样点，最多可以设置五个不同的取样源。"仿制源"面板可存储样本源，直到关闭文档。

（7）在要校正的图像部分上拖移，如图 5-35 所示，左图是原图，右图是使用了仿制图章后。

图 5-35　仿制图章工具

2. 使用修复画笔工具进行修饰

（1）在工具栏选择修复画笔工具 。

（2）单击选项栏中的画笔样本，并在弹出面板中设置"画笔"选项，选项栏如图 5-36 所示。

图 5-36　修复画笔工具选项栏

模式：指定混合模式。选择"替换"可以在使用柔边画笔时，保留画笔描边的边缘处杂色、胶片颗粒和纹理。

源：指定用于修复像素的源。"取样"可以使用当前图像的像素，而"图案"可以使用某个图案的像素。如果选择了"图案"，请从"图案"弹出面板中选择一个图案。

对齐：连续对像素进行取样，即使松开鼠标按钮，也不会丢失当前取样点。如果取消选择"对齐"，则会在每次停止并重新开始绘制时使用初始取样点中的样本像素。

样本：从指定的图层中进行数据取样。要从现用图层及其下方的可见图层中取样，请选择"当前和下方图层"。要仅从现用图层中取样，请选择"当前图层"。要从所有可见图层中取样，请选择"所有图层"。要从调整图层以外的所有可见图层中取样，请选择"所有图层"，然后单击"取样"弹出式菜单右侧的"忽略调整图层"图标。

扩散：控制粘贴的区域以怎样的速度适应周围的图像。图像中如果有颗粒或精细的细节则选择较低的值，图像如果比较平滑则选择较高的值。

（3）可通过将指针定位在图像区域的上方，然后按住 Alt 键 (Windows) 或 Option 键 (Mac OS) 并单击来设置取样点。

（4）在"仿制源"面板中，单击"仿制源"按钮并设置其他取样点。

最多可以设置五个不同的取样源。"仿制源"面板将记住样本源，直到你关闭所编辑的文档。

（5）在"仿制源"面板中，单击"仿制源"按钮以选择所需的样本源。

（6）在图像中拖移。每次松开鼠标按钮时，取样的像素都会与现有像素混合。

3. 使用修复画笔工具进行修饰

（1）污点修复画笔工具可以快速移去照片中的污点和其他不理想部分。

（2）选择工具箱中的污点修复画笔工具。如有必要，单击修复画笔工具、修补工具或红眼工具以显示隐藏的工具并进行选择。

（3）从选项栏的"模式"菜单中选取混合模式。选择"替换"可以在使用柔边画笔时，保留画笔描边的边缘处杂色、胶片颗粒和纹理。

（4）污点修复画笔工具选项栏如图 5-37 所示。

图 5-37　污点修复画笔工具选项栏

近似匹配：使用选区边缘周围的像素，找到要用作修补的区域。

创建纹理：使用选区中的像素创建纹理。如果纹理不起作用，请尝试再次拖过该区域。

内容识别：比较附近的图像内容，不留痕迹地填充选区，同时保留让图像栩栩如生的关键细节，如阴影和对象边缘。

（5）在选项栏中选择"对所有图层取样"，从所有可见图层中对数据进行取样。如果取消选择"对所有图层取样"，则只从现用图层中取样。

（6）单击要修复的区域，或单击并拖动以修复较大区域中的不理想部分。

（7）污点修复画笔工具使用案例如图 5-38 所示，左图是原图，女孩的脸上有一些痘印，右图是修复以后的图片，痘印已经被消除了。

图 5-38　污点修复工具

任务6 利用蒙版制作一张明信片

"快速蒙版"是一种用于创建和编辑选区的工具，非常的实用，可调性也非常的强，因此使用非常广泛。在快速蒙版状态下，可以使用任何 Photoshop 工具或者滤镜来修改蒙版。选择本次任务就是利用快速蒙版工具制作一张明信片。

 学习目标

完成本训练任务后，你应当能（够）：

- 会简单制作蒙版。
- 会简单使用滤镜。
- 会输入文字。
- 了解图层蒙版相关知识。
- 简单了解滤镜相关知识。
- 简单了解文字相关知识。

通过原图（见图 6-1）跟处理后图片（见图 6-2）的比较，我们可以看出差别：图 6-1 的一部分被隐藏，并且添加了一段文字。本次任务我们要学习的就是如果用蒙版来处理图片。

图 6-1　原图

图 6-2　处理后的图片

将图 6-1 所示的原图处理成图 6-2 所示的效果，需要如图 6-3 所示几个步骤。

图 6-3　操作流程

 示范操作

1. 步骤一：打开图片

（1）打开 Photoshop CC 2018，执行菜单"文件—打开"命令，选择一张照片，然后点击

"打开",如图 6-4 所示。

图 6-4 打开一张图片

（2）按住 Alt 键双击"背景"图层，将其转换为普通图层"图层 0"，如图 6-5 所示，这样是为了便于后期编辑。

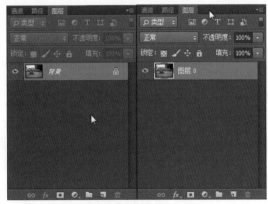

图 6-5 将背景图层转化为普通图层

2.步骤二：制作蒙版

（1）按 Q 键或者点击快速蒙版图标，如图 6-6 所示，进入快速蒙版编辑模式，设置前景色为黑色。

（2）选择"画笔"工具，在弹出的选项栏中选择一种枫叶形状的画笔，如图 6-7 所示。

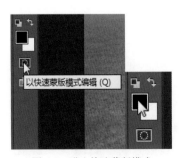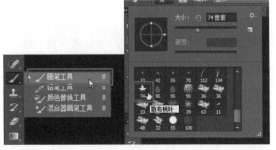

图 6-6 进入快速蒙版模式　　　　　　图 6-7 选择画笔工具

（3）调整画笔到所需要的小大，在图像中右半部分涂抹，绘制出不规则的区域，如图 6-8 所示，这时你会发现画笔的颜色是半透明的红色，表示现在的模式是蒙版模式。

图 6-8　涂抹画笔

（4）执行"滤镜—像素化—彩色半调"命令，设置"最大半径"为 50 像素，通道 1 为 108，通道 2 为 162，通道 3 为 90，通道 4 为 45，然后单击"确定"按钮完成操作，如图 6-9 所示。

图 6-9　执行彩色半调滤镜

（5）此时可以看到快速蒙版的边缘发生了变化，如图 6-10 所示。

图 6-10　执行彩色半调滤镜后效果

（6）按 Q 键退出快速蒙版的编辑模式，得到如图 6-11 所示的选区。

图 6-11　退出蒙版编辑模式

（7）在选区上单击右键执行"选择反向"命令，得到新的选区，如图 6-12 所示。

图 6-12　选择反向

（8）保留当前选区，在"图层"面板中单击底部的"添加图层蒙版"按钮，以当前选区为其添加图层蒙版，如图 6-13 所示，除了蒙版以外的背景部分就被隐藏起来了。

图 6-13　添加图层蒙版

（9）单击"新建图层"按钮，创建新图层"图层一"，并且为其填充白色，放在图层面板的底部，如图 6-14 所示。

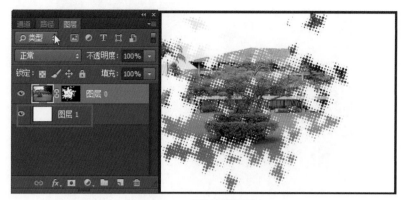

图 6-14　添加白色图层

3. 步骤三：添加文字

（1）点击工具栏的橡皮擦工具，把图片稍微修整一下，擦掉一些边上不需要的部分，如图 6-15 所示。

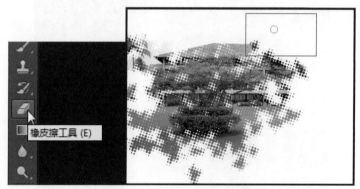

图 6-15　用橡皮擦擦掉多余的颜色

（2）点击左侧工具箱的"横排文字工具" T，在菜单栏里选择"窗口—字符"打开字符面板，在选项栏中选择字体为"Impact"，字体大小为 100 点，字间距为 180，颜色为深灰色，如图 6-16 所示。

图 6-16　输入文字

（3）创建段落文本：设置前景色为白色，单击工具箱中的"横排文字工具"按钮 ，在选项栏中设置合适的字体及大小，颜色设置为黄色，如图 6-17 所示，在操作界面单击并拖曳光标创建出文本框。

图 6-17　闭合选区

（4）在文本框内输入所需的英文，并打开"段落"面板，单击"左侧对齐文本"按钮，使文字中间对齐，然后再用同样的方式输入其他所需要的中文，根据自己的设计需求来定，如图 6-18 所示。

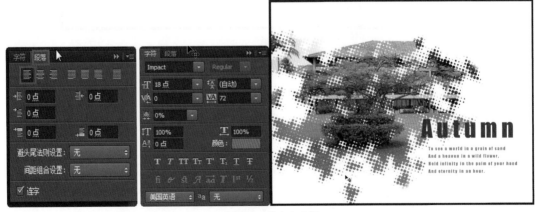

图 6-18　输入文本框

（5）新建一个图层，点击工具栏的矩形选框工具，在段落文字左侧拉出一个矩形选框，然后填充蓝色，如图 6-19 所示，然后按 Ctrl+D 取消选区，最终效果如图 6-20 所示。

图 6-19　绘制色块

图 6-20　最终效果

4. 步骤四：保存结果

参照之前学过的方法，保存结果文件。

 练一练

选择一张图片，用蒙版工具处理图片，并且添加文字，制作一张明信片。

 相关知识与技能点 1——蒙版

1. 蒙版定义

蒙版在摄影中指用于控制照片不同区域曝光的传统暗房技术。在 Photoshop 中，蒙版则是用于合成图像的必备利器，它可以遮盖住部分图像，使其免受操作的影响。这种隐藏不是删除的编辑方式，而是一种非常方便的非破坏性编辑方式。使用蒙版编辑图像，不仅可以避免因为使用橡皮擦或裁剪、删除等造成的失误操作。还可以对蒙版应用一些滤镜，以得到一些意想不到的特效。

2. 蒙版的类型

在 Photoshop 中，蒙版有快速蒙版、剪贴蒙版、矢量蒙版和图层蒙版四种。

（1）快速蒙版。是一种用于创建和编辑选区的功能。在快速蒙版模式下，可以将选区作为蒙版进行编辑，并且可以使用几乎全部的绘画工具或滤镜对蒙版进行编辑。

打开图像，单击工具箱中的"以快速蒙版模式编辑"按钮回或按 Q 键，可以进入快速蒙版编辑模式，如图 6-21 所示。

图 6-21　进入快速蒙版模式

此时在"通道"面板中可以观察到一个快速蒙版通道"Alpha"，如图 6-22 所示。

进入快速蒙版编辑模式后，设置前景色为黑色，使用绘画工具在图像上进行绘制，绘制的区域将以红色显示出来，使用白色进行绘制相当于擦除，如图 6-23 所示。

图 6-22　快速蒙版通道

图 6-23　编辑快速蒙版

在快速蒙版模式下，还可以使用滤镜来编辑模板，执行"滤镜—渲染—纤维"命令，在弹出对话框中设置参数，如图 6-24 所示，添加滤镜后的效果如图 6-25 所示。

按 Q 键退出快速蒙版编辑模式后，可以得到具有纤维效果的选区，如图 6-26 所示。

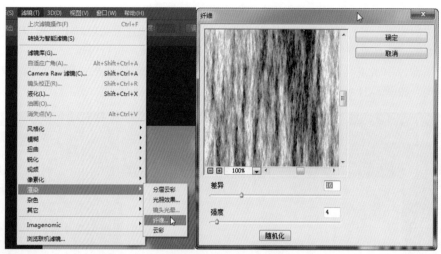

图 6-24　给蒙版添加滤镜

图 6-25　添加滤镜后的效果

图 6-26　退出快速蒙版模式

（2）矢量蒙版就是可以任意放大或缩小的蒙版。矢量蒙版是通过形状控制图像显示区域的，它仅能作用于当前图层。矢量蒙版中创建的形状是矢量图，可以使用钢笔工具和形状工具对图形进行编辑修改，从而改变蒙版的遮罩区域，也可以对它任意缩放而不必担心产生锯齿。简单地说，就是不会因放大或缩小操作而影响清晰度的图像。一般的位图包含的像素点在放大或缩小到一定程度时会失真，而矢量图的清晰度不受这种操作的影响。矢量蒙版如图 6-27 所示。

图 6-27　矢量蒙版

图 6-27 中 A 是图层蒙版缩览图，B 是矢量蒙版缩览图，C 是"矢量蒙版链接"图标，D 是添加蒙版。

（3）剪切蒙版。剪切蒙版和被蒙版的对象起初被称为剪切组合，并在"图层"调板中用虚线标出。

你可以从包含两个或多个对象的选区，或从一个组或图层中的所有对象来建立剪切组合。可以使用上面图层的内容来蒙盖它下面的图层。底部或基底图层的透明像素蒙盖它上面的图层（属于剪贴蒙版）的内容。例如，一个图层上可能有某个形状，上层图层上可能有纹理，而最上面的图层上可能有一些文本。如果将这三个图层都定义为剪贴蒙版，则纹理和文本只通过基底图层上的形状显示，并具有基底图层的不透明度。请注意，剪贴蒙版中只能包括连续图层。蒙版中的基底图层名称带下划线，上层图层的缩览图是缩进的。另外，重叠图层显示剪贴蒙版图标。"图层样式"对话框中的"将剪贴图层混合成组"选项可确定基底效果的混合模式是影响整个组还是只影响基底图层。剪切蒙版是一个可以用其形状遮盖其他图稿的对象，因此，使用剪切蒙版，只能看到蒙版形状内的区域，从效果上来说，就是将图稿裁剪为蒙版的形状。

剪切蒙版是一种特殊的选区，但它的目的并不是对选区进行操作，相反，而是要保护选区的不被操作。同时，不处于蒙版范围的地方则可以进行编辑与处理。蒙版虽然是种选区，但它跟常规的选区颇为不同。常规的选区表现了一种操作趋向，即将对所选区域进行处理；而蒙版却相反，它是对所选区域进行保护，让其免于操作，而对非掩盖的地方应用操作。

 ## 相关知识与技能点 2——图层基础

1. 图层的概念

Photoshop 图层就如同堆叠在一起的透明纸，可以透过图层的透明区域看到下面的图层。可以移动图层来定位图层上的内容，就像在堆栈中滑动透明纸一样。也可以更改图层的不透明度以使内容部分透明。图层是 Photoshop 的核心功能之一，用户可以通过它随心所欲地对图像进行编辑和修饰。可以说，如果没有图层功能，设计人员将很难通过 Photoshop 处理出优秀的作品。

2. 认识图层面板

在学习图层的基本操作之前，首先认识一下"图层"面板。在"图层"面板中可以实现对图层的管理和编辑，如新建图层、复制图层、设置图层混合模式、添加图层样式等，如图 6-28 所示。

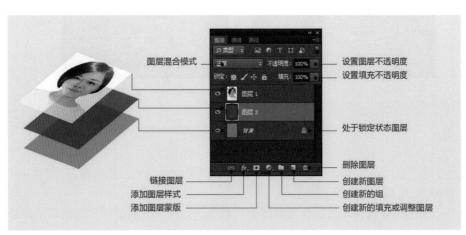

图 6-28 图层面板

3. 图层的基本操作

（1）选择图层。在 Photoshop 中，只有正确的选择了图层，才能正确地对图像进行编辑及修饰，用户可以通过如下 3 种方法选择图层。

选择单个图层：直接用鼠标点击所需图层，如图 6-29 左图所示。

选择多个连续图层：按住"Shift"键同时用鼠标点击所需要的图层，如图 6-29 中图所示。

选择多个不连续图层：按住"Ctrl"键同时用鼠标点击不连续的图层，如图 6-29 右图所示。

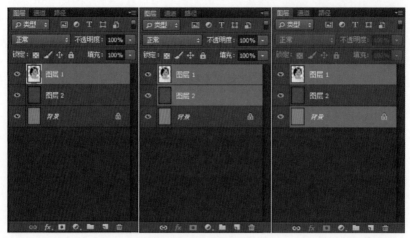

图 6-29　图层基本操作

（2）新建图层。新建图层是指在"图层"面板中创建一个新的空白图层，并且新建的图层位于所选择图层的上方。创建图层之前，首先要新建或打开一个图像文档，然后可以通过"图层"面板快速创建新图层，也可以通过菜单命令来创建新图层。图层面板如图 6-30 所示。

A. 图层面板菜单　B. 过滤　C. 图层组　D. 图层　E. 展开 / 折叠图层效果　F. 图层效果　G. 图层缩览图

图 6-30　图层面板

1）通过"图层"面板创建图层：单击面板右上角的三角形。

2）通过菜单命令创建图层：执行"图层—新建—图层"。

（3）复制图层。复制图层就是为一个已存在的图层创建副本，从而得到一个相同的图像，用户可以再对图层副本进行相关操作。

1）选择图层 1，选择"图层→复制图层"命令，打开"复制图层"对话框，保持对话框中的默认设置，单击"确定"按钮即可得到复制的图层 1 副本。

2）选择移动工具，将鼠标放到橙色食物图像中，当鼠标变成双箭头状态时按住 Alt 键进行拖动，即可移动复制的图像，并且得到复制的图层。

3）在"图层"面板中将图层直接拖动到下方的"创建新图层"按钮 中，可以直接复制图层。

（4）隐藏与显示图层。当一幅图像有较多的图层时，为了便于操作可以将其中不需要显示的图层进行隐藏。

1）隐藏图层。

2）显示图层。

（5）删除图层。对于不需要的图层，用户可以使用菜单命令删除图层或通过"图层"面板删除图层，删除图层后该图层中的图像也将被删除。

1）通过菜单命令删除图层：在"图层"面板中选择要删除的图层，然后选择"图层→删除→图层"命令，即可删除选择的图层。

2）通过"图层"面板删除图层：在"图层"面板中选择要删除的图层。然后单击"图层"面板底部的"删除图层"按钮，即可删除选择的图层。

（6）链接图层。图层的链接是指将多个图层链接成一组，可以对链接的图层进行移动、变换等操作，还能将链接在一起的多个图层同时复制到另一个图像窗口中。单击"图层"面板底部的"链接图层"按钮，即可将选择的图层链接在一起。

（7）合并图层。合并图层是指将几个图层合并成一个图层，这样做不仅可以减小文件大小，还可以方便用户对合并后的图层进行编辑。

1）向下合并图层。

2）合并可见图层。

3）拼合图像。

（8）背景图层转换普通图层。在默认情况下，背景图层是锁定的，不能进行移动和变换操作。这样会对图像处理操作带来不便，这时用户可以根据需要将背景图层转换为普通图层。

1）新建一个图像文件，可以看到其背景图层为锁定状态。

2）在"图层"面板中双击背景图层，即可打开"新建图层"对话框，其默认的"名称"为图层 0。

3）设置图层各选项后，单击"确定"按钮，即可将背景图层转换为普通图层。

4. 编辑图层

在绘制图像的过程中，用户可以通过图层的编辑功能对图层进行编辑和管理，使图像效果变得更加完美。

（1）调整图层排列顺序。当图层图像中含有多个图层时，默认情况下，Photoshop CC 会按照一定的先后顺序来排列图层。用户可以通过调整图层的排列顺序，创造出不同的图像效果。

（2）对齐图层。对齐图层是指将选择或链接后的多个图层按一定的规律进行对齐，选择"图层→对齐"命令，再在其子菜单中选择所需的子命令，即可将选择或链接后的图层按相应的方式对齐。

（3）分布图层。图层的分布是指将 3 个以上的链接图层按一定规律在图像窗口中进行分布。选择"图层→分布"命令，再在其子菜单中选择所需的子命令，即可按指定的方式分布选择的图层。

（4）通过剪贴的图层。剪贴蒙版可以使用某个图层的内容来遮盖其上方的图层。遮盖效果由底部图层或基底图层决定的内容。基底图层的非透明内容将在剪贴蒙版中显示它上方的图层的内容。剪贴图层中的所有其他内容将被遮盖掉。

用户可以在剪贴蒙版中使用多个图层，但它们必须是连续的图层。蒙版中的基底图层名称带下划线，上层图层的缩览图是缩进的，叠加图层将显示一个剪贴蒙版图标 。

（5）自动混合图层。在 Photoshop 中有一个"自动混合图层"命令，通过它可以自动对比图层，将不需要的部分抹掉，并且可以自动将混合的部分进行平滑处理，而不需要用户再对其进行复杂地选取和处理。

5. 管理图层

图层组是用来管理和编辑图层的，可以将图层组理解为一个装有图层的容器，无论图层是否在图层组内，对图层所做的编辑都不会受到影响。

（1）创建图层组。使用图层组除了方便管理归类外，用户还可以选择该图层组，同时移动或删除该组中的所有图层。创建图层组主要有如下几种方法。

1）选择"图层→新建→图层组"命令。

2）单击"图层"面板右上角的 按钮，在弹出的快捷菜单中选择"新建组"命令。

3）按住 Alt 键的同时单击"图层"面板底部的"创建新组"按钮 。

4）直接单击"图层"面板底部的"创建新组"按钮。

（2）编辑图层组。图层组的编辑主要包括增加或移除图层组内的图层，以及对图层组的删除操作。

1）增加或移除组内图层。

2）删除图层组。

6. 图层不透明度与混合设置

图层的不透明度和混合模式在图像处理过程中起着非常重要的作用，在编辑图像时，通过改变图层的不透明度和混合模式可以创建各种特殊效果，从而生成新的图像效果。

1）设置图层不透明度。在"图层"面板中可以设置该图层上图像的透明程度，通过设置图层的不透明度可以使图层产生透明或半透明效果。

在"图层"面板右上方的"不透明度"数值框可以输入数值，范围是 0% ~ 100%。当图层的不透明度小于 100% 时，将显示该图层下面的图像，值越小，图像就越透明；当值为 0% 时，该图层将不会显示，完全显示下一层图像内容。

2）设置图层混合模式。在 Photoshop CC 中提供了 27 种图层混合模式，主要是用来设置图层中的图像与下面图层中的图像像素进行色彩混合的方法，设置不同的混合模式，所产生的效果也不同。

Photoshop CC 提供的图层混合模式都包含在"图层"面板中的下拉列表框中，单击其右侧的按钮，在弹出的混合模式列表框中可以选择需要的模式。

任务 7 快速抠图

我们在处理图像时经常需要把主体从背景中分离出来，这个操作叫做"抠图"。用 Photoshop 抠图时最常遇到一个问题：由于无法完全准确建立选择区，抠完后的图像会残留下背景中的杂色。我们常统一称此类现象为白边，对于这类白边，有没有什么简单快捷的方法来处理呢？本次任务我们就来学一学运动 Photoshop 的"调整边缘"命令来快速的抠图。

 学习目标

完成本训练任务后，你应当能（够）：

● 会使用快速蒙版工具。

● 会使用查找边缘工具。

● 了解渐变色的概念。

通过原图（见图 7-1）与处理后图片（见图 7-2）的比较，我们可以看出差别：小狗从黄色的背景中被分离出来，并且把背景色改成了蓝色渐变效果。

图 7-1 原始图像   图 7-2 处理后的图像

将图 7-1 所示的原图调整为图 7-2 所示的优质照片，通常需要图 7-3 所示几个步骤。

图 7-3 操作流程

 示范操作

1. 步骤一：打开图片

（1）使用 Photoshop CC 2018，打开要处理的图片，如图 7-4 所示，打开文件的方法我们在之前的任务里已经反复讲解过，以后就不再重复。

图 7-4　打开图片

（2）如果"图层"面板没有打开，使用菜单"窗口"—"图层"命令，打开图层面板。对于普通数码照片，Photoshop 会显示为"背景"层并且锁定。一般是将背景层复制，或者双击转化为普通图层，如图 7-5 所示。

图 7-5　"背景图层"和"普通图层"

2. 步骤二：建立快速蒙版

（1）点击工具栏的快速蒙版按钮，进入快速蒙版模式，如图 7-6 所示。

（2）选择画笔工具，在顶部的参数栏里选择好画笔，画笔选择不透明度 100% 大小 90 像素，如图 7-7 所示，画笔的大小根据图片的大小来调整，如图 7-7 所示。

图 7-6　进入快速蒙版模式

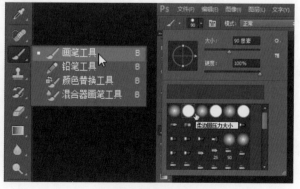

图 7-7　选择画笔

（3）用画笔工具在画面上涂抹，把需要从背景中分离出来的小狗用画笔填满，这时画笔的颜色是半透明的红色，表示现在正在用蒙版模式编辑，如图 7-8 左图所示。涂抹的过程中如果有错误，也可以用橡皮擦工具擦除，再重新涂抹，注意要把小狗边缘的毛发都画进去，画好后如图 7-8 右图所示。

图 7-8　用画笔工具填满

（4）再次点击工具栏中的"快速蒙版"按钮，退出快速蒙版模式回到普通的编辑模式，刚才涂抹的红色部分以外会以虚线显示，如图 7-9 所示。

图 7-9　退出快速蒙版

（5）虚线选择的是蒙版以外的区域，在键盘上按快捷键 Ctrl+Shift+I 反选一下，这时小狗就变成选区了，如图 7-10 所示，把小狗选取出来是为了下一步的抠图做准备，这一步有很多方法可以做到，比如用钢笔工具选择等，本次任务用的是蒙版选取的方法。

图 7-10　反向选择小狗

3. 步骤三：用"调整边缘"命令抠图

（1）接下来就可以开始最重要的一步抠图了，在菜单栏点击"选择—调整边缘"，调出调整边缘对话框，在"视图"选项栏里选择"黑底""输出"选项栏选择"新建带有图层的蒙版图层"，如图 7-11 所示。

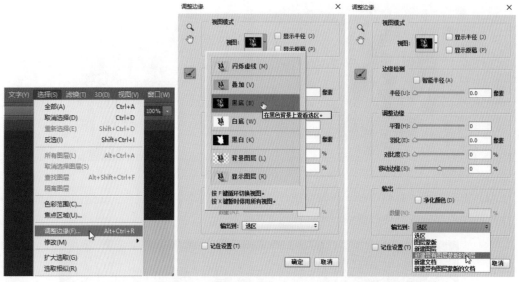

图 7-11　调整边缘命令

（2）然后点击"调整半径工具"，鼠标就会变成像画笔一样，如图 7-12 所示。

图 7-12　选择调整半径工具

（3）最关键的一步，不要关闭"调整半径"对话框，选择好画笔大小，用调整半径工具在小狗的毛发和背景交界处慢慢涂抹，这时我们会发现小狗的毛发被一点儿一点儿地从背景分离出来，如图 7-13 所示。

（4）完成后点击"确定"键，图层面板里会出现一个带蒙版的新图层，如图 7-14 左图所示，最后抠图的效果如图 7-14 右图所示。

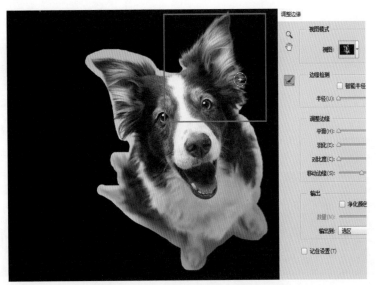

图 7-13　用画笔抠出小狗毛发

图 7-14　抠图完成效果

（5）在图层面板点击"新建图层"按钮，在蒙版图层和背景图层之间新建一个"图层 1"，然后按 Ctrl+Delete 键填充背景色白色看下效果，如图 7-15 所示。

图 7-15　新建图层

4. 步骤四：调整背景

（1）点击"图层 1"，把图层 1 变为当前图层，先点击工具栏里的"渐变工具"，然后点击顶部的渐变栏，如图 7-16 所示，这样就可以调出对话框编辑渐变的效果了。

（2）在跳出的渐变对话框中点击选择第一排第三个渐变效果，如图 7-17 所示。

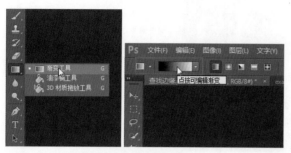

图 7-16　选择渐变工具

图 7-17　调出渐变对话框

（3）点击选择左下角的小箭头，小箭头的顶部变为黑色表示被选中了，然后再点击下方的颜色区域，调出拾色器，色彩参数设置如图 7-18 所示，设置完成后点击"确定"。

图 7-18　设置渐变色

（4）再点击选择右下角的小箭头，小箭头的顶部变为黑色表示被选中了，然后再点击下方的颜色区域，调出拾色器，色彩参数设置如图 7-19 所示，设置完成后点击"确定"。

图 7-19　设置渐变色

（5）颜色设置完成后点击"渐变编辑器"中的"新建"按键，我们刚才编辑的那个渐变效果就会被储存为新的"预设"出现在上方的预设目录里，方便我们下次再使用，如图 7-20 所示，储存后点击"确定"。

（6）用鼠标在画板的左上角拉出一条斜线，一直拉到右下角然后松开鼠标绘制渐变效果，如图 7-21 所示。

图 7-20　储存为新的渐变预设

图 7-21　绘制渐变效果

（7）鼠标松开后最终效果如图 7-22 所示，小狗的毛发边缘已经跟背景融合得非常的自然，这个抠图的方法非常的简单有效，也同样适用于人的头发的抠图

图 7-22　最终效果

5.步骤五：保存文件

参照之前学习的方法，保存结果文件。

 练一练

选择几张小动物的照片，也可以使用光盘中提供的图像，用本次任务学到的方法快速抠图并更换背景，背景可以是渐变，也可以是其他复杂背景。

相关知识与技能点 1——查找边缘

1. 调整边缘的概念

调整边缘命令对于高度复杂的边缘内容（例如细微的头发）特别有效。与早期"抽出"增效工具的不同之处在于，"抽出"会永远消除像素数据，而"调整边缘"命令则会创建选区蒙版，以便之后可以进行调整和微调。

2. 调整边缘面板

调整边缘面板如图 7-23 所示。

图 7-23　调整边缘面板

（1）视图模式：使用各种方式显示出选择区的范围，以屏蔽选择区外图像对我们操作的影响，便于观察抠出图像与各种背景的混合效果，如图 7-24 所示。

（2）边缘检测：使用滑块改变选区的边缘，使它更加软或者硬、平滑或者细致，也可以改变选区的扩展与收缩量，使它更小或者更大，最终符合我们的要求。半径选项的作用是，通过调大它的数值，将选区边缘变得更加柔和，特别适合调整具有柔软边缘的角色，比如人物穿的衣服以及柔软的头发。如果边缘太过于生硬，在合成时会显得很假。用这个选项可以很简单地解决这个问题。

（3）调整边缘：分平滑度、羽化、对比度和移动边缘。

1）对比度则和半径选项相反，增大它的数值可以将边缘变得非常硬。如果我们抠取的是边缘十分清晰的主体，可以利用这个选项增加边缘的清晰程度。增加平滑值可以将选区中的细节弱化，去除毛刺或者缝隙，使选择区更加平滑。

图 7-24　七种显示模式

2）羽化选项可以将选区边缘进行模糊处理，它和半径选项是不同的，半径选项是向选区内部渐隐，而羽化选项则向边缘两侧软化。相比来讲，半径选项更不易引起白边或者黑边现象。

3）移动边缘选项可以将选区变大或者变小，如果你的选区框选得过大，会露出一部分背景，那么将它缩小一点，就可以改善。

（4）输出：是指在本结构内的图层输出方式。

3. 用调整边缘去除照片白边

（1）选择一张照片，然后用磁性套索工具框选人物，如图 7-25 所示，怎样用选取工具选择物体我们在之前的任务里面已经学过，就不再重复。

图 7-25　用套索工具选择人物

（2）在顶部菜单栏点击"选择—调整边缘"，调出调整边缘对话框，在"视图"选项栏里选择模式为"黑底"，如图 7-26 所示，这时可以发现人物边缘白边明显。

图 7-26　调整边缘

（3）调整一下参数如图 7-27 所示，然后点击"确定"。

（4）用鼠标点击背景图层为当前图层，然后点击图层面板上的"创建新图层"按钮，新建一个图层一，如图 7-28 所示。

图 7-27　调整参数

图 7-28　新建图层

（5）点击顶部菜单栏"编辑—填充"调出填充面板，然后选择"颜色"选项，如图 7-29 所示。

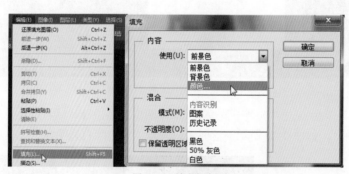

图 7-29　填充颜色

（6）颜色参数设置如图 7-30 所示，然后点击确定。

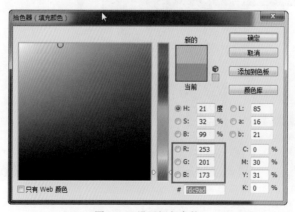

图 7-30　设置颜色参数

（7）完成后效果如图 7-31 左图所示，手臂和身体之间还有一块白色没有取出，用套索或者魔棒工具选取后删除即可，最终效果如图 7-31 右图所示。

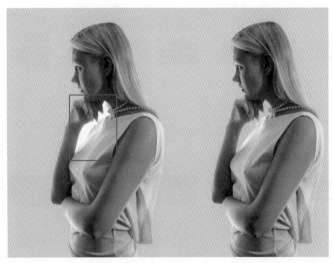

图 7-31 最终效果

 相关知识与技能点 2——渐变

1. 渐变的定义

渐变是在两种邻近的颜色（包括黑色和白色）之间实现平滑过渡的若干方法之一。渐变工具可以创建多种颜色间的逐渐混合。可以从预设渐变填充中选取或创建自己的渐变。注意：你无法在位图或索引颜色图像中使用渐变工具。

2. 创建渐变

（1）如果要填充图像的一部分，请选择要填充的区域。否则，渐变填充将应用于整个现用图层。

（2）在工具栏选择渐变工具，如图 7-32 所示。

（3）在选项栏中，从渐变样本中选取填充，单击样本旁边的三角形，挑选预设渐变填充，如图 7-33 所示。

（4）在画板上用鼠标拉出一条直线，然后松开鼠标在画板上填充渐变色，如图 7-34 所示，起点（按下鼠标的位置）和终点（松开鼠标的位置）的位置不一样都会影响渐变的效果，可以自己反复多试试。

 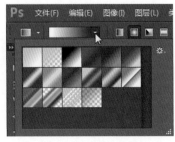 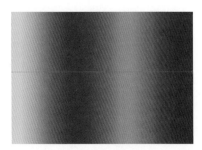

图 7-32 渐变工具　　　　图 7-33 选择渐变填充　　　　图 7-34 填充渐变

3. 渐变分类

（1）线性渐变：以直线从起点渐变到终点，如图 7-35 所示。

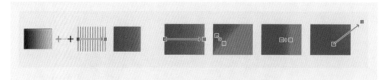

图 7-35　线性渐变

（2）径向渐变：以圆形图案从起点渐变到终点，如图 7-36 所示。

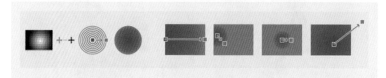

图 7-36　径向渐变

（3）角渐变：围绕起点以逆时针扫过的方式渐变，如图 7-37 所示。

图 7-37　角渐变

（4）对称渐变：在起点的两侧进行对称的线性渐变，如图 7-38 所示。

图 7-38　对称渐变

（5）菱形渐变：以菱形图案从中心向外侧渐变到角，如图 7-39 所示。

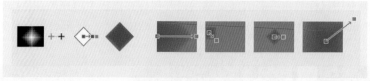

图 7-39　菱形渐变

任务 8　简单图像合成

Photoshop 中包含了多种方便快捷的选区工具组，如选框工具组、套索工具组，快速选择工具组，每个工具组中又包含了多种工具。熟练掌握这些基本工具的使用方法，可以快速地选择需要的选区。选择两张图片素材，一张是梨，一张是背景图片，经过处理合成为新的图片。这个任务需要用到的套索工具，使用套索工具需要一些练习，才能在直线和手动选择中自由切换，如果在套索中出现错误，只需要取消选择并且从头开始即可。

 学习目标

完成本训练任务后，你应当能（够）：

- 会使用套索工具。
- 会使用图层样式。
- 了解选区的基础知识。

通过原图（见图 8-1）跟处理后图片（见图 8-2）的比较，我们可以看出差别：图 8-1 的梨与另外一张背景图片合成一张新的图片（见图 8-2）。本次任务我们要学习的就是如何用套索工具来合成图片。

图 8-1　原图

图 8-2　合成后的图片

将图 8-1 的两张图合并成图 8-2 所示的图，通常需要如图 8-3 所示几个步骤。

图 8-3　步骤流程图

 示范操作

1. 步骤一：打开图片

（1）打开 Photoshop CC 2018，选择一张水果照片，然后在 Photoshop 中打开，如图 8-4 所示。

图 8-4　打开图片

（2）图 8-1 是一张梨和一张背景图片，我们如果把梨置于背景之上的话，会发现其实这张梨的背景是白色的，严重影响视觉效果，如图 8-5 所示，所以我们先要把梨从白色背景中分离出来。

图 8-5　直接合成后的效果

2. 步骤二：用磁性套索工具抠图

（1）在任务栏点击套索工具，会出来三个工具图标，分别是套索工具、多边形套索工具、磁性套索工具，如图 8-6 所示。磁性套索工具可以智能识别对象的边界，特别适合快速选择与背景对比强烈且边缘复杂的对象。可以说这套工具是 PS 中最基本、最常用，也是较为强大的工具之一。磁性套索工具主要适用于颜色差异较大的图片，也就是说我们想要选择的部分和背景色在颜色上相差很大，边缘清晰。

（2）然后在梨的边缘单击鼠标左键，确定起点。如图 8-7 所示，磁性套索工具就会自动吸附梨的边缘，当生成错误的锚点时，可按 Delete 键删除最近的锚点。

（3）沿着梨的边缘移动光标，此时 Photoshop 中会生成很多锚点，当勾画到起点位置时按 Enter 键闭合选区。如图 8-8 所示。

图 8-6　选择磁性套索工具　　　图 8-7　磁性套索　　　图 8-8　闭合选区

（4）执行菜单栏"选择—反向"命令或者同时按住 Ctrl+Sift+I 键，反向选取选区，选择后如图 8-9 所示，画面中梨以外的部分被虚线线框所选择。

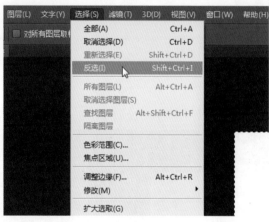

图 8-9　反向选取

（5）按 Delete 键删除选择的部分，画面中除了梨以外的白色部分就被删除掉了，如图 8-10 所示。注意：删除的时候图层必须是没有被锁定的，如果图层是锁定的，图层的后面会显示有一个锁定的图标，如图 8-11 所示，这时候用鼠标双击图标，图层就被解锁了。

图 8-10　删除选区　　　　　图 8-11　解锁图层

（6）执行"文件—储存为"命令，在跳出的对话框中将保存类型选择为"PSD"格式，文件名改为"苹果抠图"，然后点击"保存"按钮保存文件，如图 8-12 所示。

图 8-12　保存文件

3. 步骤三：合并文件

（1）打开"背景文件"，打开后的文件如图 8-13 所示。

图 8-13　在 PS 中打开背景文件

（2）接下来要把苹果放置到背景图片中来，执行菜单"文件—置入嵌入的智能对象"命令，在对话框里选择我们之前保存的"苹果抠图"文件，然后点击"置入"按钮，如图 8-14 所示。

（3）图片置入后效果如图 8-15 所示。梨在整个画面中看起来有点大，我们需要把梨等比缩小一些。按住 Shift 键不放，同时拉动梨的右上角，把梨缩小到需要的大小，并且放置在画面的适当位置，然后按"Enter"键确定，如图 8-16 所示。

图 8-14　置入图片

图 8-15　置入图片

图 8-16　调整大小和位置

4. 步骤四：添加阴影

（1）单击右侧图层面板最下的"添加图层样式"按钮，在下拉菜单里选择"投影"选项，在弹出的对话框中设置参数如图 8-17 所示。

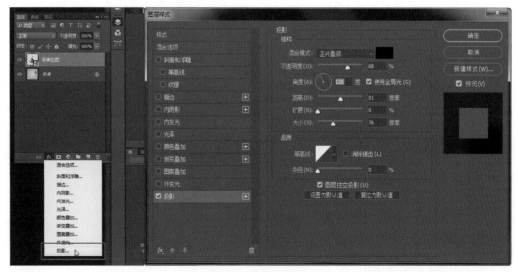

图 8-17　添加图层样式

（2）最终效果如图 8-18 所示，梨被添加了一个投影，效果看起来更加立体逼真。

图 8-18　最终效果

5. 步骤五：保存文件

参照前面学过的保存文件的方法，保存文件。

 练一练

选择 2 ～ 3 张图片合成为一张新的图片，并且添加文字。注意要有一定的创意，且构图要和谐，主题要突出。

 相关知识与技能点——套索工具

在 Photoshop 中处理图像时，经常需要针对局部效果进行调整，通过选择特定的区域，可以对该区域进行编辑并保持没有选定的区域不会被改动。这时就需要为图像指定一个有效的编辑区域—选区，一般来说制作选区有以下几种方法。

1. 选框选择法

Photoshop 中包含多种用于制作选区的工具和命令，不同图需要使用不同的选择工具来制作选区。对于比较规则的圆形或方形对象，可以使用选框工具组，选框工具组是 Photoshop 中最常用的选区工具，适合于形状比较规则的图案（如圆形、椭圆形、正方形、长方形），如图 8-19和图 8-20 所示为典型的矩形选区和圆形选区。

图 8-19　矩形选框

图 8-20　圆形选框

2. 套索工具

对于不规则选区，则可以使用套索工具组。对于转折处比较强烈的图案，可以使用"多边形套索工具"来进行选择。用"套索工具"可以非常自由的绘制出形状不规则的选区。选择"套索工具"后，在图像上拖曳鼠标绘制选区的边界，当鼠标释放时，选区会自动关闭。

（1）选择一张图片素材文件并且打开，如图 8-21 所示。

（2）在工具箱中点击"套索工具"按钮，然后在图像上单击，确定起点的位置，接着拖曳鼠标绘制选区，如图 8-22 所示。

图 8-21 选择并且打开图片

图 8-22 用套索工具绘制选区

（3）选区绘制完成后如图 8-23 所示，如果在绘制途中不小心松开了鼠标，Photoshop 会在改点与起点之间建立一条直线以封闭选区。

（4）执行"选择—取消选择"命令或者按 Ctrl+D 键可以取消选取状态，用来选择物体的虚线框会消失，如图 8-24 所示。

图 8-23 旋转裁切画面

图 8-24 取消选区

（5）如果要恢复被选择的选区，可以执行"选择—重新选择"命令，如图 8-25 所示。

图 8-25　重新选择选区

3. 多边形套索工具

（1）多边形套索工具的使用方法与套索工具类似，多边形套索工具适合创建一些转角比较明显的选区，如图 8-26 所示。

图 8-26　打开一张图片

（2）在工具箱中点击"多边形套索工具"按钮，然后在图像上单击，确定起点的位置，接着连续点击鼠标绘制选区，如图 8-27 所示。按住"Shift"键可以在水平方向、垂直方向或者 45°方向上绘制直线，另外按住"Delete"键可以删除最近绘制的直线。

图 8-27　绘制选区

4. 磁性套索工具

（1）"磁性套索工具"能够以颜色上的差异自动识别对象的边界，特别适合于快速选择与背景对比强烈且边缘复杂的对象。使用"磁性套索工具"时，套索边界会自动对齐图像的边缘，如图 8-28 所示。当勾选完比较复杂的边界时，还可以按住 Alt 键切换到"多边形套索工具"，以勾选转角比较强烈的边缘。

图 8-28　用磁性套索工具选择选区

（2）"磁性套索工具"的选项栏如图 8-29 所示。

宽度："宽度"值决定了以光标中心为基准，光标周围有多少个像素能够被"磁性套索工具"检测到，如果对象的边缘较清晰，可以设置较大的值，如果对象的边缘比较模糊，可以设置较小的值。

对比度：该选项主要用来设置"磁性套索工具"感应图像边缘的灵敏度。如果对象的边缘比较清晰，可以将该信设置得大一些，如果对象的边缘比较模糊，可以将该值设置得小一些。

频率：在使用"磁性套索工具"勾画选区时，Photoshop 会生成很多锚点，频率选项用来设置描点的数量，数值越大，生成的描点数量越多，捕捉到的边缘越准确，但是可能会造成选区不够平滑。

钢笔压力按钮：如果计算机配有数位板和压感笔，可以激活该按钮，Photoshop 会根据压感笔的压力自动调节"磁性套索工具"的检测范围。

图 8-29　磁性套索工具选项栏

任务 9　修出苗条身材

很多女孩子都希望照片上的自己既苗条又美丽，但受限于自身条件和摄影器材，拍出来的照片经常不尽如人意，而 Photoshop 里的液化滤镜功能就能弥补不足，打造出完美的身材曲线，方法步骤也非常简单易学，本次任务就学习怎么利用 Photoshop 的液化滤镜修出完美的身材。

 学习目标

完成本训练任务后，你应当能（够）：
- 会使用液化滤镜。
- 会使用变换工具。
- 会修改画布大小。
- 了解画布尺寸和画面尺寸。
- 了解选区和变形工具。

原图是张比较端正的少女像，由于镜头的透视，女孩的腿和腰身略微显得粗壮，如图 9-1 所示，要通过液化滤镜把美腿拉长，让女孩显得更加高挑青春，如图 9-2 所示。

图 9-1　原图

图 9-2　完成后的图

将图 9-1 所示的原图处理成图 9-2，如图 9-3 所示几个步骤。

图 9-3　操作步骤

示范操作

1. 步骤一：拉长腿部

（1）打开 Photoshop CC，选择一张人像照片，然后在 Photoshop 中打开照片，具体的操作方法是：在 Photoshop 的菜单栏里面选择"文件—打开"，如图 9-4 所示，或者在打开的软件空白处双击鼠标，在跳出的对话框里面找到自己的照片选择"打开"。

图 9-4　打开图片

（2）由于镜头的透视，照片中女孩的腿略微显得粗壮，要通过 PS 把美腿拉长，让女孩显得更加高挑青春。在工具栏点击矩形选框工具，框选大腿根部以下的位置，如图 9-5 所示。

图 9-5　建立选区

（3）点击"图层—新建—通过拷贝的图层"，或者按快捷键 Ctrl+J，快速新建选中区域，如图 9-6 所示。

图 9-6　新建图层

（4）点击快捷键 Ctrl+T，然后用鼠标向下拖拉选框，让女孩整个腿部略微拉长，如图 9-7 所示。

（5）再次选择女孩腿部，但是这次选择的是女孩膝盖以下，在左侧工具栏点击矩形选框工具 ，框选大腿根部以下的位置，如图 9-8 所示。

图 9-7　拉长腿部

图 9-8　再次建立选区

（6）在顶部菜单栏选择"图层—新建—通过拷贝的图层"，或者按快捷键 Ctrl+J，快速新建选中区域，如图 9-9 所示。

图 9-9　新建拷贝图层

（7）点击快捷键 Ctrl+T，然后向下拖拉选框，让女孩整个小腿部略微拉长，如图 9-10 所示。

图 9-10　拉长小腿腿部

2. 步骤二：调整画布大小

（1）拉伸女孩的腿长之后，我们发现女孩的脚部由于拉伸出画了，因此我们要扩大画布的范围，让腿部都显示出来。在菜单栏点击"图像—画布大小"，或者点击键盘快捷键：Ctrl+Alt+C，调出调整画布小大对话框，如图 9-11 所示，对话框中的数据就是目前画布的大小。

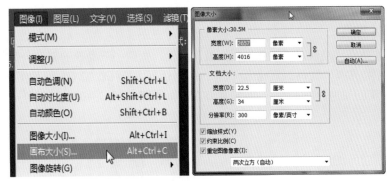

图 9-11　调出"图像大小"对话框

（2）对话框参数设置如图 9-12 左图所示，然后点击"确定"，这时会发现由于画布尺寸设置过大，画面周围会有一些透明背景，需要裁切掉。

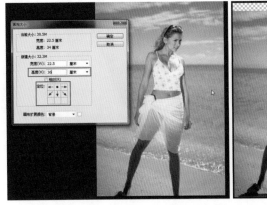

图 9-12　设置画布大小

（3）按住"Ctrl+Shift+E"合并所有图层，然后在顶部菜单栏选择"图像—裁切"，在跳出的对话框中选择"透明像素"，然后点击确定键，如图 9-13 所示。

（4）裁切后效果如图 9-14 所示。

图 9-13　裁切画面

图 9-14　最终效果

3. 步骤三：微调

（1）基本的体型已经确定了，我们要用液化滤镜，微调一下女孩的腿形，让其看起来更纤细有型，在菜单栏选择"滤镜—液化"，在弹出的对话框中选择收缩工具，如图 9-15 所示。

（2）用收缩工具把女孩的大腿、小腿和膝盖略微处理一下，一副美腿就打造完成了，如图 9-16 所示。

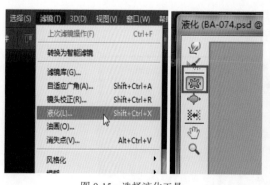

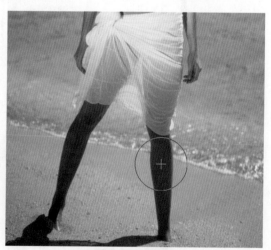

图 9-15　选择液化工具

图 9-16　腿部微调

（3）最终效果如图 9-17 所示。

图 9-17　最终效果

4. 步骤四：保存结果

参照之前学过的方法，保存结果文件。

 练一练

选择一张体型肥胖的人像照片，用本任务中学到的方法修饰身材和脸型，让人物变得苗条。

 相关知识与技能点 1——画布裁切、旋转和大小调整

1. 使用裁切命令裁剪图像

（1）选择一张图片，在顶部菜单栏选择"图像">"裁切"，如图 9-18 所示。

图 9-18　裁切工具对话框

（2）在"裁切"对话框中选择选项：

1）"透明像素"修整掉图像边缘的透明区域，留下包含非透明像素的最小图像。

2）使用"左上角像素颜色"可从图像中移去左上角像素颜色的区域。

3）"右下角像素颜色"从图像中移去右下角像素颜色的区域。

（3）选择一个或多个要修整的图像区域："顶""底""左"或"右"。

2. 裁剪并修齐扫描过的照片

（1）打开包含要分离的图像的扫描文件。

（2）选择包含这些图像的图层。

（3）在要处理的图像周围绘制一个选区。

（4）选取"文件">"自动">"裁剪并修齐照片"。将对扫描后的图像进行处理，然后在其各自的窗口中打开每个图像。

3. 拉直图像

（1）在工具栏选择标尺工具 。如有必要，则单击并按住吸管工具来显示标尺。

（2）在需要调整图像中，拖动关键的水平元素或垂直元素，如图 9-19 所示，用标尺顺着垂直于地面的墙面画了一条直线。

图 9-19　选择标尺工具

（3）在选项栏中，单击"拉直"，如图 9-20 所示，倾斜的画面被修正过来了，若要显示范围超出新建文档边界的图像区域，请选择"编辑">"还原"，最后再用裁切工具把周围裁切掉。

图 9-20　拉直图层

4. 旋转或翻转整个图像

（1）使用"图像旋转"命令可以旋转或翻转整个图像。这些命令不适用于单个图层或图层的一部分、路径以及选区边界。如果要旋转选区或图层，请使用"变换"或"自由变换"命令。

（2）选取"图像">"图像旋转"并从子菜单中选取下列命令之一：

1）180 度：将图像旋转半圈。

2）90 度（顺时针）：将图像顺时针旋转 1/4 圈。

3）90 度（逆时针）：将图像逆时针旋转 1/4 圈。

4）任意角度：按指定的角度旋转图像。如果选取此选项，请在角度文本框中输入一个介于 −359.99 和 359.99 之间的角度，在 Photoshop 中，可以选择"顺时针"或"逆时针"以顺时针或逆时针方向旋转，然后单击"确定"。

5）水平或垂直旋转画布：沿着相应的轴翻转图像。

5. 更改画布大小

（1）选取"图像" > "画布大小"，如图 9-21 所示。

图 9-21 画布大小

（2）执行下列操作之一：

1）在"宽度"和"高度"框中输入画布的尺寸。从"宽度"和"高度"框旁边的弹出菜单中选择所需的测量单位。

2）选择"相对"，然后输入要从图像的当前画布大小添加或减去的数量。输入一个正数将为画布添加一部分，而输入一个负数将从画布中减去一部分。

（3）对于"定位"，单击某个方块以指示现有图像在新画布上的位置，如图 9-22 所示。

（4）从"画布扩展颜色"菜单中选取一个选项：

1）"前景"：用当前的前景颜色填充新画布。

2）"背景"：用当前的背景颜色填充新画布。

3）"白色""黑色"或"灰色"：用这种颜色填充新画布。

4）"其他"：使用拾色器选择新画布颜色。

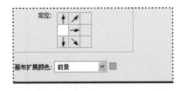

图 9-22 画布定位和扩展颜色

相关知识与技能点 2——液化滤镜

1. 液化滤镜概述

（1）"液化"滤镜可用于推、拉、旋转、反射、折叠和膨胀图像的任意区域。创建的扭曲可以是细微的或剧烈的，这就使"液化"命令成为修饰图像和创建艺术效果的强大工具。液化滤镜可以应用于 8 位 / 通道或 16 位 / 通道图像。

（2）在顶部菜单栏选择"滤镜—液化"，在弹出的对话框中选择选择变形工具挤压图像，如图 9-23 所示，画面中的两条鱼被扭曲了。

图 9-23　液化图像

（3）"液化"对话框中提供了液化滤镜的工具、选项和图像预览。要显示该对话框，请选取"滤镜" > "液化"。选择"高级模式"可访问更多选项，如图 9-24 所示。

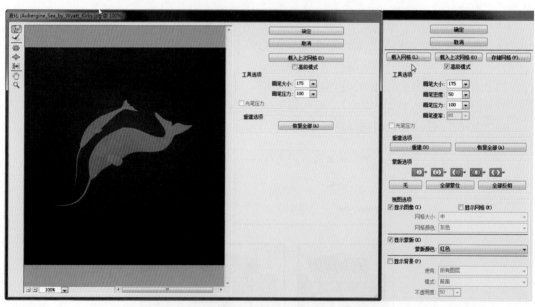

图 9-24　液化面板

（4）放大或缩小预览图像：在"液化"对话框中选择缩放工具，然后在预览图像中单击或拖动，可以进行放大；按住 Alt 键 (Windows) 并在预览图像中单击或拖动，可以进行缩小。另外，可以在对话框底部的"缩放"文本框中指定放大级别。

（5）在预览图像中导航：在"液化"对话框中选择抓手工具，并在预览图像中拖动。或者，在选择了任何工具时按住空格键，然后在预览图像中拖动。

2. 人脸识别液化

在 Photoshop CC 2015.5 版中引入的新增功能，"液化"滤镜具备高级人脸识别功能，可自动识别眼睛、鼻子、嘴唇和其他面部特征，让你轻松对其进行调整。"人脸识别液化"非常适合修饰人像照片、创建漫画以及执行其他操作，是一个非常强大又实用的功能。

（1）在 Photoshop 中，打开具有一个或多个人脸的图像。

（2）选择"滤镜">"液化"。Photoshop 将打开"液化"滤镜对话框。

（3）在"工具"面板中，选择 ⓧ（脸部工具；键盘快捷键：A）。系统将自动识别照片中的人脸，如图 9-25 所示。

图 9-25　人脸自动识别

（4）将指针悬停在脸部时，Photoshop 会在脸部周围显示直观的屏幕控件。调整控件可对脸部做出调整。例如，可以放大眼睛或者缩小脸部宽度。

（5）完成后单击"确定"。

3. 使用滑动控件调整面部特征

（1）在 Photoshop 中，打开具有一个或多个人脸的图像，如图 9-26 所示。

图 9-26　打开一张多人合照

（2）选择"滤镜"＞"液化"。Photoshop 将打开"液化"滤镜对话框。

（3）在"工具"面板中，选择 （脸部工具；键盘快捷键：A）。照片中的人脸会被自动识别，且其中一个人脸会被选中。被识别的人脸会列在"属性"面板"人脸识别液化"区域中的"选择脸部"弹出菜单中罗列出来。可以通过在画布上单击人脸或从弹出菜单中选择人脸来选择不同的人脸，如图 9-27 所示。

图 9-27　人脸选择

（4）调整"人脸识别液化"区域中的滑块，对面部特征进行适当更改。

1）眼睛设置，如图 9-28 所示。

图 9-28　调整"人脸识别液化"

2）鼻子设置，如图 9-29 所示。

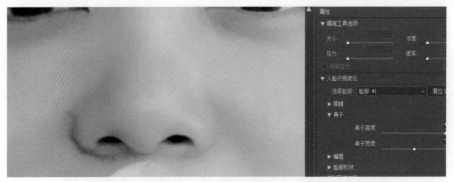

图 9-29　调整"鼻子识别液化"

3）嘴唇设置，如图 9-30 所示。

图 9-30 调整"嘴唇识别液化"

4. 扭曲工具

"液化"对话框中有几个工具，它们可以在你按住鼠标按钮或拖动时扭曲画笔区域。扭曲集中在画笔区域的中心，且其效果随着你按住鼠标按钮或在某个区域中重复拖动而增强。

（1）向前变形工具——🖐 在拖动时向前推像素。

（2）重建工具——🖌 在按住鼠标按钮并拖动时可反转已添加的扭曲。

（3）顺时针旋转扭曲工具——🌀 在按住鼠标按钮或拖动时可顺时针旋转像素。要逆时针旋转像素，请在按住鼠标按钮或拖动时按住 Alt 键。

（4）褶皱工具——🌟 在按住鼠标按钮或拖动时，使像素朝着笔刷区域的中心移动。

（5）膨胀工具——💠 在按住鼠标按钮或拖动时使像素朝着离开画笔区域中心的方向移动。

（6）左推工具——✦ 当垂直向上拖动该工具时，像素向左移动（如果向下拖动，像素会向右移动）。也可以围绕对象顺时针拖动以增加其大小，或逆时针拖动以减小其大小。要在垂直向上拖动时向右推像素（或者要在向下拖动时向左移动像素），请在拖动时按住 Alt 键。

（7）扭曲工具选项。

1）画笔大小——设置将用来扭曲图像的画笔的宽度。

2）画笔密度——控制画笔如何在边缘羽化。产生的效果是：画笔的中心最强，边缘处最轻。

3）画笔压力——设置在预览图像中拖动工具时的扭曲速度。使用低画笔压力可减慢更改速度，因此更易于在恰到好处的时候停止。

4）画笔速率——设置在你使工具（例如旋转扭曲工具）在预览图像中保持静止时扭曲所应用的速度。该设置的值越大，应用扭曲的速度就越快。

5）光笔压力——使用光笔绘图板中的压力读数，只有在使用光笔绘图板时，此选项才可用。选定"光笔压力"后，工具的画笔压力为光笔压力与"画笔压力"值的乘积。

5. 扭曲图像

（1）选择要扭曲的图层。如果要只更改当前图层的一部分，请选择该区域。

（2）选取"滤镜">"液化"。

（3）冻结不想改变的图像的区域。

（4）选取任何液化工具来扭曲预览图像，在预览图像中拖动可扭曲图像。

（5）在扭曲预览图像之后，你可以：

1）✐ 使用重建工具或重建选项到充分地或者部分地反转更改。

2）使用其他工具来以新方法更改图像。

（6）执行下列操作之一：

1）单击"确定"可关闭"液化"对话框，并将更改应用到现用图层。

2）单击"取消"可关闭"液化"对话框，不将更改应用到图层。

3）按住 Alt 键 (Windows) 或 Option 键 (Mac OS) 并单击"复位"，可恢复对预览图像进行的所有扭曲，并使所有选项复位到其默认设置。

6. 冻结区域和解冻区域

（1）冻结区域。

1）使用冻结蒙版工具。选择冻结蒙版工具 ✐ 并在要保护的区域上拖动。按住 Shift 键单击可在当前点和前一次单击的点之间的直线中冻结。

2）使用现有的选区、蒙版或透明度通道。如果要将液化滤镜应用于带有选区、图层蒙版、透明度或 Alpha 通道的图层，请在对话框"蒙版选项"区域中，从五个图标中的任意一个图标的弹出菜单中选择"选区""图层蒙版""透明度"或"快速蒙版"。这确定预览图像的区域被冻结或伪装的方式。

3）冻结所有解冻区域。在该对话框的"蒙版选项"区域中，单击"全部蒙住"。

4）反相解冻区域和冻结区域。在该对话框的"蒙版选项"区域中，单击"全部反相"。

5）显示或隐藏冻结区域。在该对话框的"视图选项"区域中，选择或取消选择"显示蒙版"。

6）更改冻结区域的颜色。在对话框的"视图选项"区域中，从"蒙版颜色"弹出式菜单中选取一种颜色。

（2）与液化滤镜有关的蒙版选项。当图像中已经有一个选区、透明度或蒙版时，则会在打开"液化"对话框时保留该信息。可以选取下列蒙版选项之一：

1）替换选区— ◖ 显示原图像中的选区、蒙版或透明度。

2）添加到选区— ◖◗ 显示原图像中的蒙版，以便可以使用冻结蒙版工具添加到选区。将通道中的选定像素添加到当前的冻结区域中。

3）从选区中减去— ◖◗ 从当前的冻结区域中减去通道中的像素。

4）与选区交叉— ◖◗ 只使用当前处于冻结状态的选定像素。

5）反相选区— ◖ 使用选定像素使当前的冻结区域反相。

7. 使用网格

使用网格可帮助你查看和跟踪扭曲。可以选取网格的大小和颜色，也可以存储某个图像中的网格并将其应用于其他图像。

1）要显示网格，请在对话框的"视图选项"区域中选择"显示网格"，然后选择网格大小和网格颜色。

2）要仅显示网格，请选择"显示网格"，然后取消选择"显示图像"。

3）要存储扭曲网格，请在扭曲预览图像后单击"存储网格"。为网格文件指定名称和位置，并单击"存储"。

任务 10　制作电影效果风景照

　　数码照片拍摄后由于光线天气等原因经常会比较灰，Photoshop 有许多工具都可以有效去灰使画面通透，例如曲线、色阶、亮度 / 对比度等工具。在前面我们学习了快速调整图层的方法，快速图像调整工具使用起来简单快捷，但是不方便后期的调整和修改，本任务我们进一步学习用调整图层来处理图像。调整图层可将颜色和色调调整应用于图像，而不会永久更改像素值。例如，可以创建"色阶"或"曲线"调整图层，而不是直接在图像上调整"色阶"或"曲线"。颜色和色调调整存储在调整图层中并应用于该图层下面的所有图层；可以通过一次调整来校正多个图层，而不用单独的对每个图层进行调整，你可以随时扔掉更改并恢复原始图像。

 学习目标

　　完成本训练任务后，你应当能（够）：
- 使用污点修复工具修复照片的瑕疵。
- 会使用盖章图印。
- 会使用新建调整图层调整图片。

　　通过原图（见图 10-1）跟处理后图片（见图 10-2）的比较，我们可以看出差别：图 10-1 的光线明显的不足，并且色调比较灰暗，看起来没有美感，并且由于镜头的原因，画面上有很多的污点，经过处理之后效果如图 10-2 所示，色彩明亮了很多，层次也更加的分明。

　　本次任务我们要学习的就是如何将照片处理成有质感的电影效果。

图 10-1　原图　　　　　　　　　　　　　　图 10-2　最终效果

　　将图 10-1 所示的原图修复成图 10-2 所示的效果，通常需要图 10-3 所示几个步骤。

图 10-3　操作流程

📖 **示范操作**

1. 步骤一：调整亮度

（1）打开 Photoshop CC 2018，打开需要调整的风景照片，如图 10-3 所示。

图 10-4　打开一张图片

（2）点击图层面板的底部"创建新的调整图层"，在菜单中选择"曲线"，如图 10-5 所示。

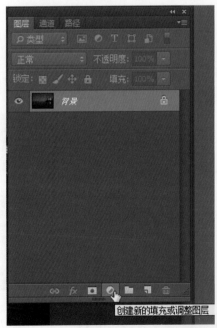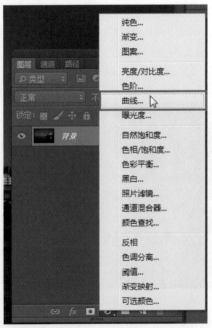

图 10-5　新建曲线调整图层

（3）对话框参数设置如图 10-6 左图所示，可以在输入输出栏里输入数值，也可以直接拖动曲线来调整。初步的曲线调整之后，可以发现图片提亮了很多，没有之前那么灰暗了，如图 10-6 右图所示。

图 10-6　调整后的图片

2. 步骤二：色调调整

（1）点击图层面板的底部"创建新的调整图层"，在菜单中选择"通道混合器"，如图 10-7 所示。

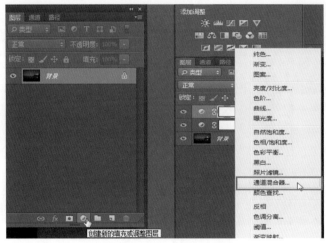

图 10-7　选择"通道混合器"

（2）输出通道选择蓝色，然后调节参数，如图 10-8 所示，调整完成以后跟原图对比，色调明亮了很多。

图 10-8　调整色调

（3）按照上述方法再创建一个曲线调整图层，如图 10-9 所示。

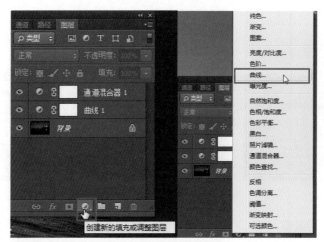

图 10-9 调整曲线

（4）调整红、蓝曲线如图 10-10 所示。调整后的图片，如图 10-11 所示，江水和天空更加湛蓝。

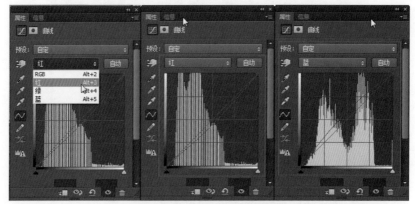

图 10-10 曲线调整参数设置

图 10-11 调整后的图片

（5）创建"可选颜色"调整图层，如图 10-12 所示。

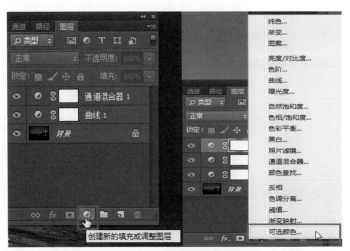

图 10-12　蒙版边缘发生变化

（6）在可选颜色面板的"颜色"下拉菜单里分别选择"蓝色""红色"选项，然后设置参数如图 10-13 所示，这个步骤可以根据自己需要的风格调节参数，直到达到自己满意的效果。最终调节好的效果如图 10-14 所示。

图 10-13　调整"可选颜色"参数

图 10-14　调节后的图片

3. 步骤三：添加暗角

（1）适当锐化图片。在菜单栏点击"滤镜—锐化—USM 锐化"，在弹出的对话框中设置参数如图 10-15 所示，然后点击"确定"按钮。

图 10-15　锐化图片

（2）按 Ctrl + J 把锐化后的图层复制一层，图层混合模式改为"滤色"，图层不透明度改为：20%，如图 10-16 所示。

（3）单击"新建图层"按钮，创建新图层"图层 1"，置于拷贝图层上方，如图 10-17 所示。

图 10-16　复制图层

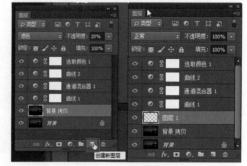

图 10-17　新建图层

（4）点击工具栏的渐变工具，选择黑白径向渐变，如图 10-18 所示。

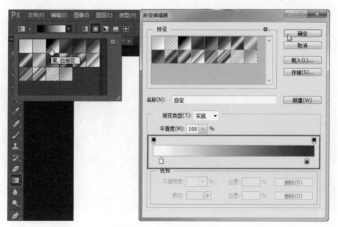

图 10-18　选择渐变工具

（5）选择渐变工具拉出图 10-19 所示的黑白径向渐变，然后把图层混合模式改为"正片叠底"，图层不透明度改为 60%，最终效果如图 10-20 所示，图片周围添加了一层光晕。

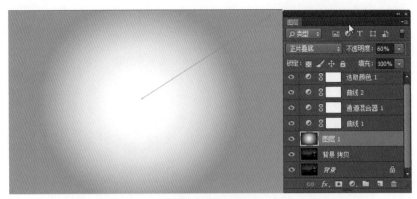

图 10-19　调整渐变

图 10-20　加上渐变后的效果

4. 步骤四：去除杂色

（1）仔细观察图片，会发现由于镜头的原因，图片上有很多杂质，如图 10-21 所示，下面用污点修复工具把这些杂质去掉。

图 10-21　图片上有杂质

（2）点击工具栏的"污点修复画笔工具"，然后在图片上需要去除的地方按住鼠标涂抹，如图 10-22 所示，可以点击"{}"键调节画笔的大小，松开鼠标之后会发现杂质没有了。

图 10-22　用污点修复画笔去除杂质

（3）新建一个图层，按键盘上的快捷键 Ctrl + Alt + Shift + E 盖印图层，整体修饰下细节，完成最终效果如图 10-23 所示。

图 10-23　绘制色块

5. 步骤五：添加光照效果

（1）执行菜单"滤镜—渲染—光照效果"命令，在"属性"面板菜单中选取"点光"，其他参数设置如图 10-24 所示，设置完成后点击"确定"。

图 10-24　光照效果

（2）执行菜单"滤镜—渲染—镜头光晕"命令，在属性面板中设置亮度为"60%"，用鼠标拖动光晕把光晕放置在建筑物上方，如图 10-25 所示，然后点击"确定"。最终效果如图 10-26 所示。

图 10-25　设置镜头光晕

图 10-26　最终效果

6. 步骤六：保存结果

参照之前学过的方法，保存结果文件。

 练一练

自己拍摄一张风景图片，用本任务学到的方法调整色调让图片效果更加的理想。

 相关知识与技能点 1——调整图层

1. 调整图层

调整图层可将颜色和色调调整应用于图像，而不会永久更改像素值。可以用纯色、渐变或图案填充图层，与调整图层不同，填充图层不影响它们下面的图层。

调整图层有以下优点：

编辑不会造成破坏。可以尝试不同的设置并随时重新编辑调整图层，也可以通过降低该图层的不透明度来减轻调整的效果。

编辑具有选择性。在调整图层的图像蒙版上绘画可将调整应用于图像的一部分。稍后，通过重新编辑图层蒙版，可以控制调整图像的哪些部分。通过使用不同的灰度色调在蒙版上绘画，可以改变调整。

2. 填充图层

填充图层使你可以用纯色、渐变或图案填充图层，与调整图层不同，填充图层不影响它们下面的图层。调整图层提供了以下优点：

（1）编辑不会造成破坏。可以尝试不同的设置并随时重新编辑调整图层，也可以通过降低该图层的不透明度来减轻调整的效果。

（2）编辑具有选择性。在调整图层的图像蒙版上绘画可将调整应用于图像的一部分。稍后，通过重新编辑图层蒙版，可以控制调整图像的哪些部分。通过使用不同的灰度色调在蒙版上绘画，可以改变调整。

（3）能够将调整应用于多个图像。在图像之间拷贝和粘贴调整图层，以便应用相同的颜色和色调调整。

3. 创建调整图层

（1）单击"图层"面板底部的"新建调整图层"按钮 ⬤，然后选择调整图层类型。

（2）选择"图层" > "新建调整图层"，然后选择一个选项。命名图层，设置图层选项，然后单击"确定"，如图 10-27 所示。

图 10-27　创建新的调整图层

相关知识与技能点 2——图层不透明度

图层的混合模式确定了各图层之间如何进行混合，使用混合模式可以创建各种特殊效果。

1. 图层的整体和填充的不透明度

图层的整体不透明度用于确定它遮蔽或显示其下方图层的程度。不透明度为 1% 的图层看起来几乎是透明的，而不透明度为 100% 的图层则显得完全不透明。除了设置整体不透明度

（影响应用于图层的任何图层样式和混合模式）以外，还可以指定填充不透明度。填充不透明度仅影响图层中的像素、形状或文本，而不影响图层效果（例如投影）的不透明度，如图 10-28 所示。

注：背景图层或锁定图层的不透明度是无法更改的，要将背景图层转换为支持透明度的常规图层。

2. 更改图层的不透明度

（1）在"图层"面板中，选择一个或多个图层或组。

图 10-28　图层不透明度

（2）更改不透明度值和填充值。如果选择了组，则只有不透明度可用。

 相关知识与技能点 3——混合模式

1. 为图层或组指定混合模式

（1）默认情况下，图层组的混合模式是"穿透"，这表示组没有自己的混合属性。为组选取其他混合模式时，可以有效地更改图像各个组成部分的合成顺序。首先会将组中的所有图层放在一起。然后，这个复合的组会被视为一幅单独的图像，并利用所选混合模式与图像的其余部分混合。因此，如果为图层组选取的混合模式不是"穿透"，则组中的调整图层或图层混合模式将都不会应用于组外部的图层。

（2）更改图层混合模式操作如下：

1）从"图层"面板中选择一个图层或组。

2）选取混合模式：

方法一：在"图层"面板中，从"混合模式"弹出式菜单中选取一个选项，如图 10-29 左图所示。

方法二：选取"图层" > "图层样式" > "混合选项"，然后从"混合模式"弹出式菜单中选取一个选项，如图 10-29 右图所示。

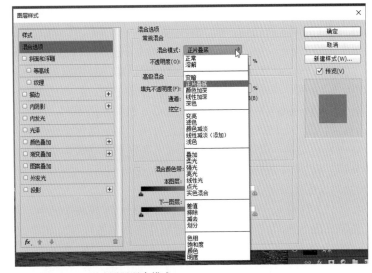

图 10-29　更改图层混合模式

2. 混合模式说明

（1）正常。编辑或绘制每个像素，使其成为结果色，这是默认模式。

（2）溶解。编辑或绘制每个像素，使其成为结果色。但是，根据任何像素位置的不透明度，结果色由基色或混合色的像素随机替换。

（3）背后。仅在图层的透明部分编辑或绘画。此模式仅在取消选择了"锁定透明区域"的图层中使用，类似于在透明纸的透明区域背面绘画。

（4）清除。编辑或绘制每个像素，使其透明。

（5）变暗。查看每个通道中的颜色信息，并选择基色或混合色中较暗的颜色作为结果色。将替换比混合色亮的像素，而比混合色暗的像素保持不变。

（6）正片叠底。查看每个通道中的颜色信息，并将基色与混合色进行正片叠底。结果色总是较暗的颜色，任何颜色与黑色正片叠底产生黑色，任何颜色与白色正片叠底保持不变。

（7）颜色加深。查看每个通道中的颜色信息，并通过增加二者之间的对比度使基色变暗以反映出混合色，与白色混合后不产生变化。

（8）线性加深。查看每个通道中的颜色信息，并通过减小亮度使基色变暗以反映混合色，与白色混合后不产生变化。

（9）变亮。查看每个通道中的颜色信息，并选择基色或混合色中较亮的颜色作为结果色。比混合色暗的像素被替换，比混合色亮的像素保持不变。

（10）滤色。查看每个通道的颜色信息，并将混合色的互补色与基色进行正片叠底，结果色总是较亮的颜色。用黑色过滤时颜色保持不变，用白色过滤将产生白色，此效果类似于多个摄影幻灯片在彼此之上投影。

（11）颜色减淡。查看每个通道中的颜色信息，并通过减小二者之间的对比度使基色变亮以反映出混合色，与黑色混合则不发生变化。

（12）线性减淡（添加）。查看每个通道中的颜色信息，并通过增加亮度使基色变亮以反映混合色，与黑色混合则不发生变化。

（13）叠加。对颜色进行正片叠底或过滤，具体取决于基色。图案或颜色在现有像素上叠加，同时保留基色的明暗对比。不替换基色，但基色与混合色相混以反映原色的亮度或暗度。

（14）柔光。使颜色变暗或变亮，具体取决于混合色，此效果与发散的聚光灯照在图像上相似。如果混合色（光源）比 50% 灰色亮，则图像变亮，就像被减淡了一样。如果混合色（光源）比 50% 灰色暗，则图像变暗，就像被加深了一样。使用纯黑色或纯白色上色，可以产生明显变暗或变亮的区域，但不能生成纯黑色或纯白色。

（15）强光。对颜色进行正片叠底或过滤，具体取决于混合色，此效果与耀眼的聚光灯照在图像上相似。如果混合色（光源）比 50% 灰色亮，则图像变亮，就像过滤后的效果。这对于向图像添加高光非常有用。如果混合色（光源）比 50% 灰色暗，则图像变暗，就像正片叠底后的效果。这对于向图像添加阴影非常有用。用纯黑色或纯白色上色会产生纯黑色或纯白色。

（16）亮光。通过增加或减小对比度来加深或减淡颜色，具体取决于混合色。如果混合色（光源）比 50% 灰色亮，则通过减小对比度使图像变亮。如果混合色比 50% 灰色暗，则通过增加对比度使图像变暗。

（17）线性光。通过减小或增加亮度来加深或减淡颜色，具体取决于混合色。如果混合色（光源）比 50% 灰色亮，则通过增加亮度使图像变亮。如果混合色比 50% 灰色暗，则通过减小亮度使图像变暗。

（18）点光。根据混合色替换颜色。如果混合色（光源）比 50% 灰色亮，则替换比混合色暗的像素，而不改变比混合色亮的像素。如果混合色比 50% 灰色暗，则替换比混合色亮的像素，而比混合色暗的像素保持不变。这对于向图像添加特殊效果非常有用。

（19）实色混合。将混合颜色的红色、绿色和蓝色通道值添加到基色的 RGB 值。如果通道的结果总和大于或等于 255，则值为 255；如果小于 255，则值为 0。因此，所有混合像素的红色、绿色和蓝色通道值要么是 0，要么是 255。此模式会将所有像素更改为主要的加色（红色、绿色或蓝色）、白色或黑色。

（20）排除。创建一种与"差值"模式相似但对比度更低的效果。与白色混合将反转基色值，与黑色混合则不发生变化。

（21）减去。查看每个通道中的颜色信息，并从基色中减去混合色。在 8 位和 16 位图像中，任何生成的负片值都会剪切为零。

（22）划分。查看每个通道中的颜色信息，并从基色中划分混合色。

（23）色相。用基色的明亮度和饱和度以及混合色的色相创建结果色。

（24）饱和度。用基色的明亮度和色相以及混合色的饱和度创建结果色。在无 (0) 饱和度（灰度）区域上用此模式绘画不会产生任何变化。

（25）颜色。用基色的明亮度以及混合色的色相和饱和度创建结果色。这样可以保留图像中的灰阶，并且对于给单色图像上色和给彩色图像着色都会非常有用。

（26）明度。用基色的色相和饱和度以及混合色的明亮度创建结果色。此模式创建与"颜色"模式相反的效果。

（27）浅色。比较混合色和基色的所有通道值的总和并显示值较大的颜色。"浅色"不会生成第三种颜色（可以通过"变亮"混合获得），因为它将从基色和混合色中选取最大的通道值来创建结果色。

（28）深色。比较混合色和基色的所有通道值的总和并显示值较小的颜色。"深色"不会生成第三种颜色（可以通过"变暗"混合获得），因为它将从基色和混合色中选取最小的通道值来创建结果色。

3. 混合模式示例

混合模式示例如图 10-30 所示。

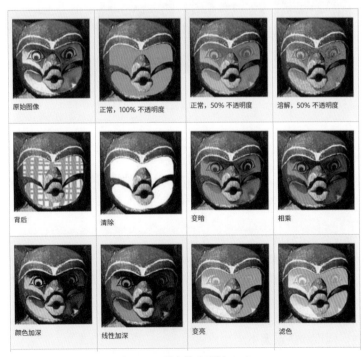

图 10-30　混合模式示例（一）

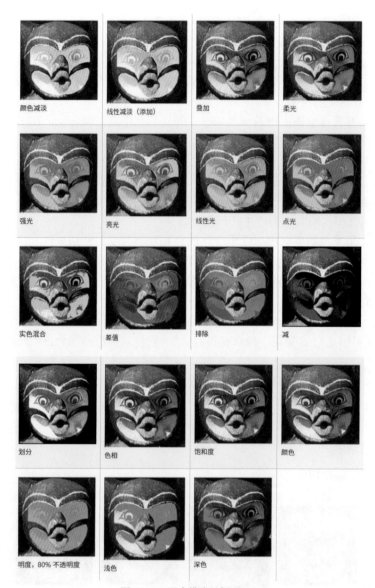

图 10-30 混合模式示例（二）

相关知识与技能点 4——光照效果

"光照效果"滤镜使你可以在 RGB 图像上产生无数种光照效果，也可以使用灰度文件的纹理（称为凹凸图）产生类似 3D 的效果，并存储你自己的样式以在其他图像中使用，制作光照效果步骤如下。

（1）选取"滤镜" > "渲染" > "光照效果"。

（2）从左上角的"预设"菜单中选取一种样式。

（3）在预览窗口中，选择要调整的各个光源。然后，在"属性"面板的上半部，执行下列任一操作：

1）从顶部菜单中选取光照类型（点测光、无限光或点光）。

2）调整颜色、强度和热点大小。

（4）在"属性"面板的下半部，使用以下选项来调整整个光源组：

1）着色。单击以填充整体光照。

2）曝光度。控制高光和阴影细节。

3）光泽。确定表面反射光照的程度。

4）金属质感。确定哪个反射率更高：光照或光照投射到的对象。

5）环境。漫射光，使该光照如同与室内的其他光照（如日光或荧光）相结合一样。选取数值 100 表示只使用此光源，或者选取数值 −100 以移去此光源。

6）纹理。应用纹理通道。

（5）光照效果类型。

1）点光。使光在图像正上方向的各个方向照射，像灯泡一样。

2）无限光。使光照射在整个平面上，像太阳一样。

3）点测光。投射一束椭圆形的光柱。预览窗口中的线条定义光照方向和角度，而手柄定义椭圆边缘。

（6）在预览窗口中调整点光。

1）在"属性"面板中，从顶部菜单中选取"点光"。

2）在预览窗口中，调整光源：若要移动光源，请将光源拖动到画布上的任何地方；若要更改光的分布（通过移动光源使其更近或更远来反射光），请拖动中心部位强度环的白色部分。

（7）在预览窗口中调整无限光。

1）在"属性"面板中，从顶部菜单中选取"无限光"。

2）调整光照：若要更改方向，请拖动线段末端的手柄；若要更改亮度，请拖动光照控件中心部位强度环的白色部分。

（8）在预览窗口中调整点测光。

1）在"属性"面板的顶端，选取"点测光"。

2）在预览窗口中，调整光源：若要移动光源，请在外部椭圆内拖动光源；若要旋转光源，请在外部椭圆外拖动光源；若要更改聚光角度，请拖动内部椭圆的边缘；若要扩展或收缩椭圆，请拖动四个外部手柄中的一个；若要更改椭圆中光源填充的强度，请拖动中心部位强度环的白色部分。

（9）光照效果预设如图 10-31 所示，使用"光照效果"工作区中的"预设"菜单从 17 种光照样式中选取，也可以通过将光照添加到"默认"设置来创建自己的预设，"光照效果"滤镜至少需要一个光源，一次只能编辑一种光，但是所有添加的光都将用于产生效果。

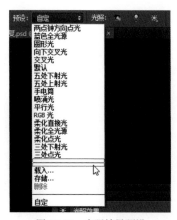

图 10-31　光照效果预设

1）右上方点光。即具有中等强度 (17) 和宽焦点 (91) 的黄色点光。

2）蓝色全光源。即具有全强度 (85) 和没有焦点的高处蓝色全光源。

3）圆形光。即四个点光。"白色"为全强度 (100) 和集中焦点 (8) 的点光。"黄色"为强强度 (88) 和集中焦点 (3) 的点光。"红色"为中等强度 (50) 和集中焦点 (0) 的点光。"蓝色"为全强度 (100) 和中等焦点 (25) 的点光。

4）交叉。即具有中等强度 (35) 和宽焦点 (69) 的白色点光。

5）向下交叉。即具有中等强度 (35) 和宽焦点 (100) 的两种白色点光。

6）默认。即具有中等强度 (35) 和宽焦点 (69) 的白色点光。

7）右下下射光 / 右下上射光。即具有全强度 (100) 和宽焦点 (60) 的下射或上射的五个白色点光。

8）闪光。即具有中等强度 (46) 的黄色全光源。

9）喷涌光。即具有中等强度 (35) 和宽焦点 (69) 的白色点光。

10）平行光。即具有全强度 (98) 和没有焦点的蓝色平行光。

11）RGB 光。即产生中等强度 (60) 和宽焦点 (96) 的红色、蓝色与绿色光。

12）直接柔光。即两种不聚焦的白色和蓝色平行光，其中白色光为柔和强度 (20)，而蓝色光为中等强度 (67)。

13）柔化全光源。即中等强度 (50) 的柔和全光源。

14）柔化点光。即具有全强度 (98) 和宽焦点 (100) 的白色点光。

15）右边中间向下。即具有柔和强度 (35) 和宽焦点 (96) 的右边中间白色点光。

16）三个点光。即具有轻微强度 (35) 和宽焦点 (100) 的三个点光。

（10）应用纹理通道。在光效工作区中，纹理通道允许你使用灰度图像（称为凹凸图）控制光效。你将凹凸图作为 Alpha 通道添加到图像中，可以将任何灰度图像作为 Alpha 通道添加到图像中，也可创建 Alpha 通道并向其中添加纹理。要得到浮雕式文本效果，请使用黑色背景上有白色文本的通道，或者使用白色背景上有黑色文本的通道。

任务 11　制作一张海报

　　海报招贴设计的应用范围很广，商品展览、书展、音乐会、戏剧、运动会、时装表演、电影、旅游或其他专题性的事物，都可以透过海报做广告宣传，本次任务就教你怎样用 Photoshop 来制作一张简单的海报，我们需要知道的是，对于一张好的海报设计而言，Photoshop 只是你的制作工具，而你的设计经验、审美感觉，乃至个人品位与你设计海报的水平高低有更密切的关系。就如同摄影一样，摄影作品的好坏不是取决于你的摄影器材，而是取决于拍摄者。但是在成为一个优秀的设计师之前，我们也需要掌握好最基础的工具，这就是我们经常说的工欲善其事必先利其器。

 学习目标

　　完成本训练任务后，你应当能（够）：
- 会简单使用钢笔绘图。
- 会创建形状。
- 会输入文字。
- 了解 PS 基本的绘图工具。
- 了解 PS 平面设计的基础知识。

　　选择一张图片（见图 11-1），经过处理加上文字和效果变成一张简单的海报（见图 11-2）。选择的图片分辨率尽量高，如果自己没有满意的照片也可以去网上下载素材。

　　　　图 11-1　原图　　　　　　　　　　　　　　图 11-2　完成后的海报

　　将图 11-1 所示的原图设计成图 11-2 所示的海报，需要如图 11-3 以下几个步骤。

图 11-3　操作流程

示范操作

1. 步骤一：裁切图片

在 Photoshop 中打开需要的图片素材，如图 11-4 所示。

图 11-4　打开图片

海报的尺寸分很多种，在本次任务中我们为了方便练习，使用的是 A3 大小的版面，A3 版面的尺寸是 21cm×14.5cm，点击工具栏的裁切工具，在裁剪属性面板"宽×高×分辨率"的选项中，将宽度设成 21cm，高度设成 14.5cm，分辨率设成 300 像素／英寸，如图 11-5 所示，然后用鼠标在照片上直接拉出你要裁剪的范围，选定范围以后双击裁剪区域或者按一下回车键即可。裁切好的图片如图 11-6 所示。

图 11-5　裁切工具设置　　　　　　　图 11-6　选择好要裁切的范围，按"Enter"键确认

2. 步骤二：图形绘制

（1）选择工具面板中的矩形选框工具，如图 11-7 所示。

图 11-7　用矩形选框工具在画面中间拉出一个矩形

（2）用鼠标点击图层面板下面的"创建新图层"图标，如图11-8所示，新增一个空白图层，即"图层1"，然后用鼠标点击一下图层1，使得图层1成为当前图层，当前图层就是你正在操作的图层。

图11-8　新建一个图层

（3）设置前景色和背景色，这里采用默认颜色。关于前景色背景色，我们在之前的任务中已经讲解过，前景色图标表示油漆桶、画笔、铅笔、文字工具和吸管工具在图像中拖动时所用的颜色；在前景色图标下方的就是背景色，背景色表示橡皮擦工具所表示的颜色，简单说背景色就是纸张的颜色，前景色就是画笔画出的颜色。如图11-9所示，图中红框部分里黑色就是前景色，白色为背景色，点击上方的小箭头可以互相调换，单击颜色面板调出调色面板可以更改颜色。

图11-9　设置前景色和背景色，这里采用默认颜色

（4）执行菜单"编辑—填充"命令，在填充对话框中选择"背景色"，然后点击确定，或者直接按"Ctrl+Delete"填充前景色快捷键（填充背景色的快捷键是Alt+Delete），如图11-10所示。

图11-10　填充颜色

（5）虚线被白色填充，如图 11-11 所示。

图 11-11　绘制白色矩形

（6）不要取消虚线的选取，执行菜单栏里"选择—修改—收缩"命令，把收缩量设置为 75 像素，如图 11-12 所示，点击确定，虚线向内缩小了一圈。

图 11-12　缩放

（7）然后点击键盘上的"Delete"按键，虚线内的部分就被删除，剩下一个白色的矩形框，如图 11-13 所示。

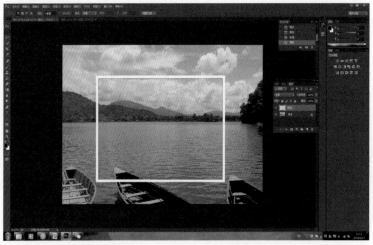

图 11-13　删除选框内的部分

（8）在键盘上按着 Shift 不放，同时用鼠标点击图层面板的"图层 1"和"背景"，同时选择这两个图层，然后在顶部菜单栏点击"水平居中对齐"的图标，如图 11-14 所示，白色矩形框就和背景图层居中对齐了。

图 11-14　对齐图层

3. 步骤三：调整细节

基本的矩形我们已经完成，现在稍作一下调整。矩形框把中间的船头遮住了一小部分，为了让画面更丰富更有层次感和艺术感，我们把这一部分做一下调整。

（1）在工具栏选择钢笔工具，然后用钢笔工具把中间船的轮廓描出来，注意一定要是一个封闭的路径，就是钢笔绘制的第一个点要跟最后一个点重合，如图 11-15 所示。为了方便，可以把图层 1，也就是矩形框的图层先隐藏。

图 11-15　用钢笔工具把船的轮廓勾出来

（2）执行"窗口—路径"命令调出路径面板，面板里的"工作路径"就是我们刚才用钢笔描出的船头。按住"Alt"键不放，同时用鼠标点击工作路径，路径变成了虚线的选区，如图 11-16 所示。

图 11-16　把路径转化为选区

（3）显示图层 1，也就是我们之前画的那个矩形图层，把图层一设为当前图层，在工具栏里选择橡皮擦工具，如图 11-17 所示。把遮盖住船的白色区域擦掉，橡皮擦只会在选区范围内有效，所以尽管放心大胆的擦，船身以外区域的白色是不会被擦除的。最终效果如图 11-18 所示，中间的船头像覆盖在了白线之上，画面就有了层次感。

图 11-17　用橡皮擦擦掉覆盖住了船身的白色

图 11-18　擦除后效果

（4）执行"图层—图层样式"命令，选择"投影"，参数设置如图 11-19 所示，然后点击确认，矩形框被添加了投影效果，看起来更有立体感了。

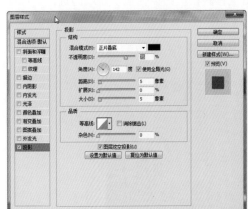

图 11-19　添加投影

4. 步骤四：添加文字和效果

（1）选择工具箱的"横排文字工具" ，执行菜单栏"窗口—字符"命令打开字符面板，选择字体为"Impact"，字体大小为48点，字间距为10，颜色为白色，然后输入文字"Nepal Travel"，如图11-20所示。

图 11-20　输入文字

（2）执行"图层—图层样式—投影"命令，设置阴影参数如图11-21所示，点击确认，文字被添加了投影效果，看起来更加立体。

图 11-21　为文字添加投影

（3）创建段落文本：设置前景色为白色，也就是即将要输入的文字的颜色，选择工具箱中的"横排文字工具"按钮 ，在选项栏中设置合适的字体及大小，颜色为黄色，如图11-22所示，在操作界面单击并拖曳光标创建出文本框。

图 11-22　输入文本

（4）在文本框内输入段落文字，在"段落"面板中单击"中间对齐文本"按钮，使文字居中对齐，然后再用同样的方式输入其他所需要的文字，根据自己的设计需求来定，如图 11-23 所示。

图 11-23　输入段落文本

（5）一张简单得海报就完成了，最终效果如图 11-24 所示。

图 11-24　最终效果

5. 步骤五：保存结果

参照之前学过的方法，保存结果文件。

 练一练

自己设计一张海报，具体要求如下：

（1）尺寸为 A3（14.5cm×21cm），主题不限。

（2）海报图片自己选择，必须有正标题和文段落文字。

（3）主题突出，色彩形象简单明了，排版协调。

 相关知识与技能点 1——绘制形状

1. 在形状图层上创建形状

（1）选择一个形状工具或钢笔工具。确保从选项栏的菜单中选择"形状"，如图 11-25 所示。

图 11-25　选择钢笔工具

（2）如果要选取形状的颜色，请在选项栏中单击色板，然后从拾色器中选取一种颜色，如图 11-26 所示。

（3）在选项栏中设置工具选项。单击形状按钮旁边的反向箭头以查看每个工具的其他选项。

（4）若要为形状应用样式，请从选项栏的"样式"弹出式菜单中选择预设样式。

（5）在图像中拖动以绘制形状。

1）若要将矩形或圆角矩形约束成方形、将椭圆约束成圆或将线条角度限制为 45°的倍数，请按住 Shift 键。

2）若要从中心向外绘制，请将指针放置到希望形状中心所在的位置，按下 Alt 键，然后沿对角线拖动到任何角或边缘，直到形状达到所需大小，如图 11-27 所示。

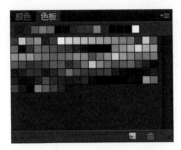

图 11-26　色板

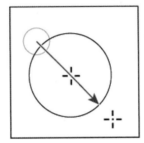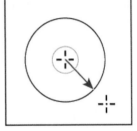

图 11-27　从角绘制（左图）和从中心绘制（右图）

2. 在图层中绘制多个形状

（1）选择要添加形状的图层。

（2）选择绘图工具，并设置特定于工具的选项，如图 11-28 所示。

图 11-28　工具选项

（3）在选项栏中选取下列选项之一。

1）添加到形状区域——将新的区域添加到现有形状或路径中。

2）从形状区域减去——将重叠区域从现有形状或路径中移除。

3）交叉形状区域——将区域限制为新区域与现有形状或路径的交叉区域。

4）重叠形状区域除外——从新区域和现有区域的合并区域中排除重叠区域。

（4）在图像中绘画。通过单击选项栏中的工具按钮，可以很容易地在绘图工具之间切换。

3. 绘制自定义形状

（1）选择自定形状工具 ✿。如果该工具未显示，请按住工具箱底部附近的"矩形"工具。

（2）从选项栏中的"自定形状"弹出式面板中选择一个形状。如果在面板中找不到所需的形状，请单击面板右上角的箭头，然后选取其他类别的形状。当询问您是否替换当前形状时，请单击"替换"以仅显示新类别中的形状，或单击"追加"以添加到已显示的形状中如图 11-29 所示。

（3）在图像中拖动可绘制形状，如图 11-30 所示。

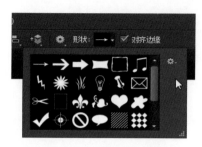

图 11-29　自定义形状面板

图 11-30　绘制形状

4. 存储形状或路径作为自定形状

（1）在"路径"面板中选择路径，可以是形状图层的矢量蒙版，也可以是工作路径或存储的路径。

（2）选取"编辑">"定义自定形状"，然后在"形状名称"对话框中输入新自定形状的名称。新形状显示在选项栏的"形状"弹出式面板中。

（3）若要将新的自定形状存储为新库的一部分，请从弹出式面板菜单中选择"存储形状"。

5. 创建栅格化形状

（1）选择图层。在基于矢量的图层（例如，文字图层）上无法创建栅格化形状，如图 11-31 所示。

图 11-31　栅格化图层

（2）选择形状工具，然后单击选项栏中的"填充像素"按钮 □。

（3）选项栏中设置下列选项。

模式：控制形状如何影响图像中的现有像素。

不透明度：决定形状遮蔽或显示其下面像素的程度。不透明度为 1% 的形状几乎是透明的，而不透明度为 100% 的形状则完全不透明。

消除锯齿：平滑和混合边缘像素和周围像素。

（4）编辑形状。

1）若要更改形状颜色，请双击"图层"面板中形状图层的缩览图，然后用拾色器选取一种不同的颜色，如图 11-32 所示。

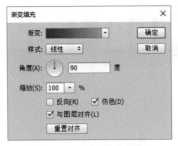

图 11-32　更改形状颜色

2）若要使用图案或渐变来填充形状，请在"图层"面板中选择形状图层，然后选取"图层">"图层样式">"渐变叠加"，如图 11-33 所示。

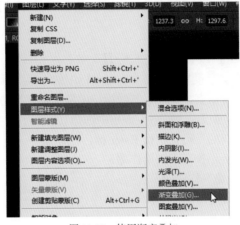

图 11-33　使用渐变叠加

3）若要更改描边宽度，请在"图层"面板中选择形状图层，然后选取"图层">"图层样式">"描边"。

4）若要修改形状轮廓，请在"图层"面板或"路径"面板中单击形状图层的矢量蒙版缩览图。然后，使用"直接选择"工具和"钢笔"工具更改形状。

5）若要移动形状而不更改其大小或比例，请使用"移动"工具。

相关知识与技能点 2——创建文字

1. 文字图层

（1）创建文字时，"图层"面板中会添加一个新的文字图层。创建文字图层后，可以编辑文字并对其应用图层命令。

（2）在对文字图层进行了需要进行栅格化的更改之后，Photoshop 会将基于矢量的文字轮廓转换为像素。栅格化文字不再具有矢量轮廓并且再不能作为文字进行编辑。

2. 输入文字

（1）点文字。　是一个水平或垂直文本行，它从你在图像中单击的位置开始。要向图像中添加少量文字，在某个点输入文本是一种有用的方式。

（2）段落文字。使用以水平或垂直方式控制字符流的边界。当你想要创建一个或多个段落（比如为宣传手册创建）时，采用这种方式输入文本十分有用，如图 11-34 所示。

图 11-34　段落文字

（3）路径文字。是指沿着开放或封闭的路径的边缘流动的文字。当沿水平方向输入文本时，字符将沿着与基线垂直的路径出现。当沿垂直方向输入文本时，字符将沿着与基线平行的路径出现。在任何一种情况下，文本都会按将点添加到路径时所采用的方向流动。

3. 输入点文字

（1）选择横排文字工具 T 或直排文字工具 IT。

（2）在图像中单击，为文字设置插入点。I 型光标中的小线条标记的是文字基线（文字所依托的假想线条）的位置。对于直排文字，基线标记的是文字字符的中心轴。

（3）在选项栏、"字符"面板或"段落"面板中选择其他文字选项。

（4）输入字符。要开始新的一行，请按 Enter 键。

（5）输入或编辑完文字后，执行下列操作之一。

1）单击选项栏中的"提交"按钮 ✔。

2）按数字键盘上的 Enter 键。

3）按 Ctrl+Enter 组合键。

4）选择工具箱中的任意工具，在"图层""通道""路径""动作""历史记录"或"样式"面板中单击，或者选择任何可用的菜单命令。

4. 输入段落文字

（1）选择横排文字工具 T 或直排文字工具 IT。

（2）执行下列操作之一。

1）沿对角线方向拖动，为文字定义一个外框。

2）单击或拖动时按住 Alt 键 (Windows)，以显示"段落文本大小"对话框。输入"宽度"值和"高度"值，并单击"确定"。

（3）在选项栏、"字符"面板、"段落"面板或"图层">"文字"子菜单中选择其他文字选项。

（4）输入字符。要开始新段落，请按 Enter 键。如果输入的文字超出外框所能容纳的大小，外框上将出现溢出图标 ⊞。

（5）如果需要，可调整外框的大小、旋转或斜切外框。

（6）通过执行下列操作之一来提交文字图层。

1）单击选项栏中的"提交"按钮 ✔。

2）按数字键盘上的 Enter 键。

3）按 Ctrl+Enter 组合键。

4）选择工具箱中的任意工具，在"图层""通道""路径""动作""历史记录"或"样式"面板中单击，或者选择任何可用的菜单命令。

5. 调整文字外框的大小或变换文字外框

（1）要调整外框的大小，请将指针定位在手柄上（指针将变为双向箭头 ↖）并拖动。按住 Shift 键拖动可保持外框的比例。

（2）要旋转外框，请将指针定位在外框外（指针变为弯曲的双向箭头 ↰）并拖动。

（3）要斜切外框，请按住 Ctrl 键 (Windows) 或 Command 键 (Mac OS) 并拖动一个中间手柄。指针将变为一个箭头 ▶，如图 11-35 所示。

（4）要在调整外框大小时缩放文字，请按住 Ctrl 键并拖动角手柄。

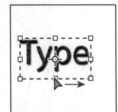

图 11-35　使用外框斜切文字

（5）要从中心点调整外框的大小，请按住 Alt 键并拖动角手柄。

6. 在点文字与段落文字之间转换

（1）在"图层"面板中选择"文字"图层。

（2）选取"文字">"转换为点文本"或"文字">"转换为段落文本"。

相关知识与技能点 3——怎样利用 PS 制作出一张高水准的海报

1. 开阔眼界，提高审美

先看一些笔者觉得比较不错的海报设计，如图 11-36 所示。

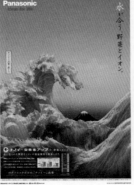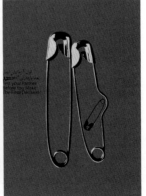

图 11-36　优秀海报实例（一）

图 11-36　优秀海报实例（二）

　　这些看起来不错的海报都是用 PS 制作的，即使你现在掌握了 PS 的所有命令和工具，你是不是就能设计出这样水平的海报了呢？对于一个从没有受过专业的设计训练的人来说，答案是否定的。对于任何设计而言，PS 只是你的基础工具，而你的设计经验、审美经验，乃至个人品位与你设计水平的高低有更密切的关系。审美眼光是需要一个积淀和积累的过程，首先你需要知道什么是美的，什么是丑的，所以尽可能的多看多学习。

2. 发散思维，推陈出新

　　艺术设计的表现手法是不拘一格的，绘画可以有油画、水彩、丙烯、彩铅等，海报设计也一样，并不一定要用 PS、AI、CRD 这些软件来制作，任何的造型艺术形式都可以应用到平面设计中，所以笔者一直认为平面艺术是最不受拘束的，摄影、装置艺术与套色木刻、综合材料中的拼贴、视觉传达中的插画设计，甚至建筑设计中的模型制作，都可以用来创作海报，将你所创造出的造型用摄影的方式记录下来，然后再通过 PS 处理成你需要的作品就可以了（见图 11-37）。

图 11-37　用摄影辅助完成的海报作品

3. 遵循设计的基本规则

　　（1）不论是英文还是中文，尽量不要用花哨的字体，除非你是一个很出色的字体设计师。

　　字体的种类成千上万，事实上，他们中的大多数都是很不实用的，有许多优秀又好看字体，但也有糟糕不实用的字体。绝对要避免这种"噱头"字体，不是说任何的花哨的字体都不可以用，但如果你处于设计师的初步阶段，就不要把问题复杂化，以免增加你选择不实用字体的可能性。

当然，如果你的书法或者字体功底特别深厚，你也可以按图 11-38 设计。

图 11-38 海报字体设计一

（2）字体要尽量选择简单的。既然有那么多糟糕不实用的字体，那你就不要冒险，不要去选择复杂的字体。坚持选择简单字体，然后把精力集中在学习如何识别在屏幕上哪些字体适合小尺寸的，哪些字体适合大的尺寸（或者适合打印出来），还有不一样的字体都能传达出什么样的情绪。

（3）标题不超过十五个字，字体尽量不要超过两种。现在的都是宽屏幕，也为了响应现在设计的流行趋势，许多人都想把文本块主体加宽。但是不要让你的文本标题部分每行超过十二到十五个字，不要让他们每行少于八个字。

海报字体设计二如图 11-39 所示。

图 11-39 海报字体设计二（一）

图 11-39　海报字体设计二（二）

任务 12　轻松改变照片季节

变换照片季节的调色方法是婚纱摄影或者杂志调色中常用的方法，在平面设计或者普通的人像摄影后期制作中也经常会用到，本次任务就教大家怎么用通道制作出冬季雪景的效果。大致分为以下几步：先用通道混合器调整红通道参数；然后用黑白调整图层直接把天空以外的主色转为白色；后期微调颜色，再增强细节即可。

 学习目标

完成本训练任务后，你应当能（够）：

● 熟练使用图层调整。

● 了解通道相关知识。

通过原图（见图 12-1）跟处理后图片（见图 12-2）的比较，我们可以看出差别：图 12-1 的季节是春暖花开的春天，图 12-2 的季节变成了冬天，树上都是皑皑白雪，是不是很神奇？

图 12-1　原图　　　　　　　　　　　　　　图 12-2　处理后的图片

将图 12-1 变成图 12-2，需要图 12-3 所示几个步骤。

图 12-3　操作流程

 示范操作

1. 步骤一：通道混合器调整

（1）打开 Photoshop CC 2018，选择一张丽江古镇的风景照片，然后在 Photoshop 中打开，如图 12-4 所示。

图 12-4　打开一张图片

（2）在图层面板的底部点击"创建新的调整图层"，下拉菜单中选择"通道混合器"，如图 12-5 所示。

图 12-5　新建曲线调整图层

（3）在曲线对话框中设置红色输出通道参数如图 12-6 所示，初步的曲线调整之后，调整后的效果和原图的对比图片的色调发生了变化，如图 12-7 所示。

图 12-6　通道参数设置

图 12-7　调整后的效果和原图比较

2. 步骤二：黑白图层调整

（1）再次在图层面板的底部点击"创建新的调整图层"，在下拉菜单中选择创建"黑白"调整图层，注意图层的顺序，黑白图层要在背景图层之上，如图 12-8 所示。

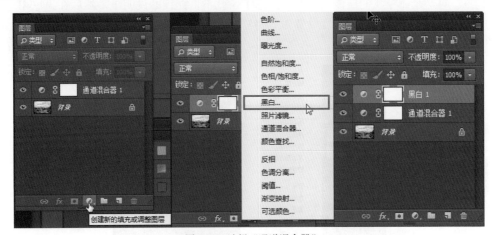

图 12-8　选择"通道混合器"

（2）将图层模式改为滤色，设置各个颜色参数如图 12-9 所示。

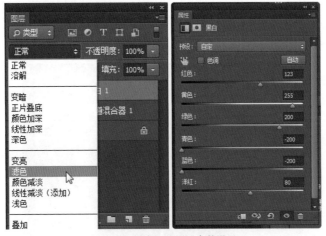

图 12-9　黑白调整图层参数设置

（3）调整后的效果如图 12-10 所示，雪景的效果已经出来了。

图 12-10 调整黑白参数后的效果

3. 步骤三：色彩微调

（1）再次在图层面板的底部点击创建"新的调整图层"，在下拉菜单中选择"色相 / 饱和度"调整。对这个命令我们应该已经非常熟悉了，就不再详细的说明了，然后在"色相 / 饱和度"的调整面板中将全图的饱和度设置为"–45"，如图 12-11 所示，这时我们会发现整个图的饱和度已经降低了。

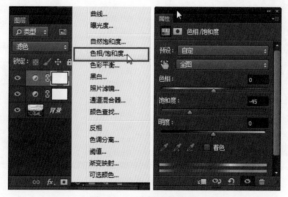

图 12-11　选择画笔工具

（2）在下拉菜单中选择"青色"，把色相增加 15，如图 12-12 所示，这样做的目的是让天空显得更加湛蓝一点，因为每一张照片的色调都不一样，所以要根据实际情况来进行调整，而不是一味的照本宣科。

图 12-12　曲线参数调整

（3）调整后的图片如图 12-13 所示，江水和天空又蓝了很多，更加接近真实的天空颜色。

图 12-13　"色相—饱和度"调整后的图片

（4）选择"背景"图层为当前图层，点击图层面板底部的"创建新的调整图层"按钮，新建一个曲线调整图层，参数设置如图 12-14 所示，这样做的目的是把画面的明度稍微降低一点，让画面层次更加的分明。

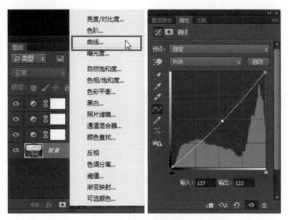

图 12-14　新建"曲线调整图层"

（5）点击菜单栏"滤镜—锐化 USM 锐化"，在对话框中设置数量为"50"，如图 12-15 所示，这样做的目的是为了让照片更加的清晰。这个锐化的数量也是根据图片的质量来设置的，如果图片较大，那么参数就要高一些，反之如果图片较小，参数就可以设置得稍微小一点。

图 12-15　调整"可选颜色"参数

（6）最终效果如图 12-16 所示。

图 12-16　最终效果

 练一练

自己拍摄一张风景图片，用本任务学到的方法调整色调让图片呈现完全不一样的效果。

 相关知识与技能点 1——通道基础

1. 通道的概念

通道的概念，便是由遮板演变而来的，也可以说通道就是选区。在通道中，以白色代替透明表示要处理的部分（选择区域）；以黑色表示不需处理的部分（非选择区域）。因此，通道也与遮板一样，没有其独立的意义，而只有在依附于其他图像（或模型）存在时，才能体现其功用。而通道与遮板的最大区别，也是通道最大的优越之处，在于通道可以完全由计算机来进行处理，也就是说，它是完全数字化的。

2. 通道的主要作用

（1）建立、编辑和存储选区。利用通道，你可以建立头发丝这样的精确选区。

（2）表示色彩的强度。利用信息面板可以体会到这一点，不同通道都可以用 256 级灰度来表示不同亮度。在 Red 通道里的一个纯红色的点，在其他的通道上显示就是纯黑色，即亮度为 0。

（3）表示不透明度。这是我们平时最常使用的一个功能。

3. 通道的分类

通道作为图像的组成部分，是与图像的格式密不可分的，图像颜色、格式的不同决定了通道的数量和模式，在通道面板中可以直观的看到。在 Photoshop 中涉及的通道主要如下。

（1）复合通道（见图 12-17）。复合通道是由蒙版概念衍生而来，用于控制两张图像叠盖关系的一种简化应用。复合通道不包含任何信息，实际上它只是同时预览并编辑所有颜色通道的一个快捷方式。它通常被用来在单独编辑完一个或多个颜色通道后使通道面板返回到它的默认状态。对于不同模式的图像，其通道的数量是不一样的。在 Photoshop 之中通道涉及三个模式：RGB、CMYK、Lab 模式。对于 RGB 图像含有 RGB、R、G、B 通道；对于 CMYK 图像含有 CMYK、C、M、Y、K 通道；对于 Lab 模式的图像则含有 Lab、L、a、b 通道。

图 12-17　复合通道

（2）颜色通道（见图 12-18）。一个图片被建立或者打开以后是自动会创建颜色通道的。当你在 Photoshop 中编辑图像时，实际上就是在编辑颜色通道。这些通道把图像分解成一个或多个色彩成分，图像的模式决定了颜色通道的数量，RGB 模式有 R、G、B 三个颜色通道，CMYK 图像有 C、M、Y、K 四个颜色通道，灰度图只有一个颜色通道，它们包含了所有将被打印或显示的颜色。当我们查看单个通道的图像时，图像窗口中显示的是没有颜色的灰度图像，通过编辑灰度级的图像，可以更好地掌握各个通道原色的亮度变化。

图 12-18　颜色通道

（3）专色通道。专色通道是一种特殊的颜色通道，它可以使用除了青色、洋红（有人叫品红）、黄色、黑色以外的颜色来绘制图像。在印刷中为了让自己的印刷作品与众不同，往往要做一些特殊处理。如增加荧光油墨或夜光油墨，套版印制无色系（如烫金）等，这些特殊颜色的油墨（我们称其为"专色"）都无法用三原色油墨混合而成，这时就要用到专色通道与专色印刷了。

在图像处理软件中，都存有完备的专色油墨列表。我们只须选择需要的专色油墨，就会生成与其相应的专色通道。但在处理时，专色通道与原色通道恰好相反，用黑色代表选取（即喷绘油墨），用白色代表不选取（不喷绘油墨）。由于大多数专色无法在显示器上呈现效果，所以其制作过程也带有相当大的经验成分。

（4）Alpha 通道。Alpha 通道是计算机图形学中的术语，指的是特别的通道。有时，它特指透明信息，但通常的意思是"非彩色"通道。Alpha 通道是为保存选择区域而专门设计的通道，在生成一个图像文件时并不是必须产生 Alpha 通道。通常它是由人们在图像处理过程中人为生成，并从中读取选择区域信息的。因此在输出制版时，Alpha 通道会因为与最终生成的图像无关而被删除。但也有时，比如在三维软件最终渲染输出的时候，会附带生成一张 Alpha 通道，用以在平面处理软件中作后期合成。

除了 Photoshop 的文件格式 PSD 外，GIF 与 TIFF 格式的文件都可以保存 Alpha 通道。而 GIF 文件还可以用 Alpha 通道作图像的去背景处理。因此我们可以利用 GIF 文件的这一特性制作任意形状的图形。

创建一个 Alpha 通道的步骤如下。

1）选择一张图片打开，然后在通道面板单击"创建新通道"按钮，可以创建一个纯黑色的通道，如图 12-19 所示。

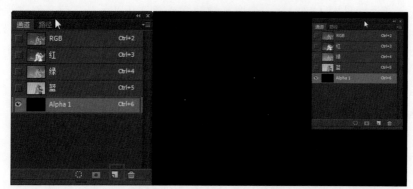

图 12-19　直接创建一个 Alpha 通道

2）按住键盘 Alt 键同时在通道面板单击"创建新通道"按钮，可以在弹出的对话框中指定新通道的名称，以及色彩指示蒙版区还是选择区域，然后按"确定"如图 12-20 所示。

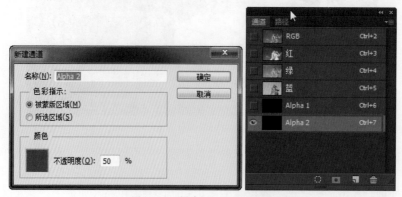

图 12-20　创建新的 Alpha 通道

3）用鼠标点击红色通道图层，不要松开鼠标，把图层拖曳到面板下方的复制图层按钮处，复制颜色通道得到一个 Alpha 通道，如图 12-21 所示。

图 12-21 复制颜色通道图层

4）点击顶部工具栏的"图像—计算"，通过"计算"命令生成新的 Alpha 通道，如图 12-22 所示。

图 12-22 通过计算命令生成 Alpha 通道

5）当图像中有选区时，在通道面板单击"将选区存储为通道"按钮，即可创建新通道（见图 12-23）。

图 12-23 通过选区创建 Alpha 通道

（5）矢量通道。为了减小数据量，人们将逐点描绘的数字图像再一次解析，运用复杂的计算方法将其上的点、线、面与颜色信息转化为简捷的数学公式，这种公式化的图形被称为"矢量图形"，而公式化的通道，则被称为"矢量通道"。矢量图形虽然能够成百上千倍地压缩图像信息量，但其计算方法过于复杂，转化效果也往往不尽如人意。因此只有在表现轮廓简洁、色块鲜明的几何图形时才有用武之地；而在处理真实效果（如照片）时则很少用。Photoshop 中的"路径"、3D 中的几种预置贴图、Illustrator、Flash 等矢量绘图软件中的蒙版，都是属于这一类型的通道。

4. "通道"面板概述

（1）"通道"面板列出图像中的所有通道，对于 RGB、CMYK 和 Lab 图像，将最先列出复合通道。通道内容的缩览图显示在通道名称的左侧；在编辑通道时会自动更新缩览图，如图 12-24 所示。

图 12-24　通道面板

（2）显示"通道"面板：选取"窗口" > "通道"。

（3）调整通道缩览图的大小或隐藏通道缩览图：从"通道"面板菜单中选取"面板选项"。单击缩览图大小，或单击"无"关闭缩览图显示。

5. 显示或隐藏通道

（1）可以使用"通道"面板来查看文档窗口中的任何通道组合。例如，可以同时查看 Alpha 通道和复合通道，观察 Alpha 通道中的更改与整幅图像是怎样的关系。

（2）单击通道旁边的眼睛列即可显示或隐藏该通道。

6. 用相应的颜色显示颜色通道

（1）各个通道以灰度显示。在 RGB、CMYK 或 Lab 图像中，可以看到用原色显示的各个通道。在 Lab 图像中，只有 a 和 b 通道是用原色显示。如果有多个通道处于现用状态，则这些通道始终用原色显示。

（2）执行下列操作之：在 Windows 中，选择"编辑" > "首选项" > "界面"。

（3）选择"用彩色显示通道"，然后单击"确定"，如图 12-25 所示。

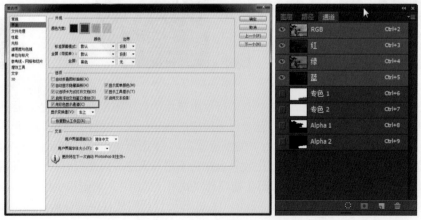

图 12-25　用相应的颜色显示通道

7. 选择和编辑通道

（1）可以在"通道"面板中选择一个或多个通道。将突出显示所有选中或现用的通道的名称，如图 12-26 所示，其中 RGB、红、绿、通道为不可见通道，蓝色、专色 1 通道为见但未选定以进行编辑的通道，专色 2、Alpha1 和 Alpha2 是已选定以进行查看和编辑的通道。

图 12-26　选择通道

（2）要选择一个通道，请单击通道名称。按住 Shift 键单击可选择（或取消选择）多个通道。

（3）要编辑某个通道，请选择该通道，然后使用绘画或编辑工具在图像中绘画，一次只能在一个通道上绘画。用白色绘画可以按 100% 的强度添加选中通道的颜色，用灰色值绘画可以按较低的强度添加通道的颜色，用黑色绘画可完全删除通道的颜色。

8. 重新排列和重命名 Alpha 通道和专色通道

（1）仅当图像处于"多通道"模式（"图像" > "模式" > "多通道"）时，才可以将 Alpha 通道或专色通道移到默认颜色通道的上面。

（2）要更改 Alpha 通道或专色通道的顺序，请在"通道"面板中向上或向下拖动通道，当在你需要的位置上出现一条线条时，释放鼠标按钮。

（3）要重命名 Alpha 通道或专色通道，请在"通道"面板中双击该通道的名称，然后输入新名称。

9. 删除通道

（1）存储图像前，可能想删除不再需要的专色通道或 Alpha 通道。复杂的 Alpha 通道将极大增加图像所需的磁盘空间。

（2）在 Photoshop 中，在"通道"面板中选择该通道，然后执行下列操作之一：

1）按住 Alt 键 (Windows) 或 Option 键 (Mac OS) 并单击"删除"图标🗑。

2）将面板中的通道名称拖动到"删除"图标。

3）从"通道"面板菜单中选取"删除通道"。

4）单击面板底部的"删除"图标，然后单击"是"。

相关知识与技能点 2——色相和饱和度

1. 应用色相 / 饱和度调整

（1）执行下列操作之一：

1）单击"调整"面板中的"色相 / 饱和度"图标 如图 12-27 所示。

2）选择"图层">"新建调整图层">"色相 / 饱和度"。在"新建图层"对话框中单击"确定"，如图 12-28 所示。

图 12-27　色相 / 饱和度

图 12-28　色相 / 饱和度调整面板

（2）在"属性"面板中，从图像调整工具 右边的菜单中选取：

1）选取"全图"可以一次调整所有颜色。

2）为要调整的颜色选取列出的其他一个预设颜色范围。

3）从"预设"菜单中选取"色相 / 饱和度"预设。

（3）对于"色相"，输入一个值或拖移滑块，直至你对颜色满意为止。

（4）对于"饱和度"，输入一个值，或将滑块向右拖移增加饱和度，向左拖移减少饱和度。颜色将变得远离或靠近色轮的中心。值的范围可以是 −100（饱和度减少的百分比，使颜色变暗）到 +100（饱和度增加的百分比）。

2. 使用色相 / 饱和度指定调整的颜色范围

（1）应用色相 / 饱和度调整。

（2）在"属性"面板中，从图像调整按钮 右边的菜单中选取一种颜色。"属性"面板中即会出现四个色轮值（用度数表示）。它们与出现在这些颜色条之间的调整滑块相对应。两个内部的垂直滑块定义颜色范围，两个外部的三角形滑块显示对色彩范围的调整在何处"衰减"，衰减是指对调整进行羽化或锥化，而不是猛然开始 / 停止应用调整。

（3）使用吸管工具或调整滑块来修改颜色范围。

1）使用吸管工具 在图像中单击或拖移以选择颜色范围。要扩大颜色范围，请用"添加到取样"吸管工具 在图像中单击或拖移。要缩小颜色范围，请用"从取样中减去"吸管工具 在图像中单击或拖移。在吸管工具处于选定状态时，也可以按 Shift 键来添加到范围，或按 Alt 键从范围中减去。

2）拖动其中一个白色三角形滑块，以调整颜色衰减量（羽化调整）而不影响范围。

3）拖动三角形和竖条之间的区域，以调整范围而不影响衰减量。

4）拖移中心区域以移动整个调整滑块（包括三角形和垂直条），从而选择另一个颜色区域。

5）通过拖移其中的一个白色垂直条来调整颜色分量的范围。从调整滑块的中心向外移动垂直条，并使其靠近三角形，从而增加颜色范围并减少衰减。将垂直条移近调整滑块的中心并使其远离三角形，从而缩小颜色范围并增加衰减。

6）按住 Ctrl 键 (Windows) 或 Command 键 (Mac OS) 拖移颜色条，使不同的颜色位于颜色条的中心。

（4）对灰度图像着色或创建单色调效果。

1）（可选）如果要对灰度图像着色，请选择"图像">"模式">"RGB 颜色"以将图像转换为 RGB。

2）应用色相 / 饱和度调整。

3）在"属性"面板中，选择"着色"选项。如果前景色是黑色或白色，则图像会转换成红色色相（0 度）。如果前景色不是黑色或白色，则会将图像转换成当前前景色的色相。每个像素的明度值不改变。

4）（可选）使用"色相"滑块来选择一种新颜色。使用"饱和度"和"明度"滑块，调整像素的饱和度和明度。

3. 使用自然饱和度调整颜色饱和度

（1）"自然饱和度"调整饱和度以便在颜色接近最大饱和度时最大限度地减少修剪。该调整增加与已饱和的颜色相比不饱和的颜色的饱和度。"自然饱和度"还可防止肤色过度饱和。

（2）执行下列操作之一：

1）在调整面板中，单击"自然饱和度"图标 ▽。

2）选择"图层">"新建调整图层">"自然饱和度"。在"新建图层"对话框中，键入"自然饱和度"调整图层的名称并单击"确定"。

（3）在"属性"面板中，拖动"自然饱和度"滑块以增加或减少色彩饱和度，而不必在颜色过于饱和时进行剪贴。然后，请执行以下操作之一：

1）要将更多调整应用于不饱和的颜色并在颜色接近完全饱和避免颜色修剪，请将"自然饱和度"滑块移动到右侧。

2）要将相同的饱和度调整量用于所有的颜色（不考虑其当前饱和度），请移动"饱和度"滑块。在某些情况下，这可能会比"色相 / 饱和度调整"面板或"色相 / 饱和度"对话框中的"饱和度"滑块产生更少的带宽。

3）要减少饱和度，请将"自然饱和度"或"饱和度"滑块移动到左侧。

4. 调整图像区域中的颜色饱和度

（1）选择海绵工具 🔘。

（2）在选项栏中选取画笔笔尖并设置画笔选项。

（3）在选项栏中，从"模式"菜单选取更改颜色的方式：

1）饱和：增加颜色饱和度。

2）去色：减少颜色饱和度。

（4）为海绵工具指定流量。

（5）选择"自然饱和度"选项以最小化完全饱和色或不饱和色的修剪。

（6）在要修改的图像部分拖动。

任务 13　制作对话图标

　　前面我们学习了 Photoshop 图形编辑操作，从这个任务开始我们要学习下 Photoshop 的矢量工具，矢量工具对于画图形图标是十分方便快捷的。和前面学习的图形编辑工作不同，矢量工具画图是一个从无到有的过程，就是在一张空白纸上画出我们想要的图形、图标等，我们今天这个任务是画一个对话图标。学会了这种方法会使我们的作品更加丰富。

学习目标

　　完成本训练任务后，你应当能（够）：
- 会使用形状工具。
- 会使用布尔运算。
- 会画矢量图形、图标。
- 区别使用位图与矢量图。

　　通过形状工具画图是一个从无到有的过程，最重要的是思路清晰，在做任何一个图形、图标之前一定要先把图形拆分到最简单的形状，理清思路再动手进行操作，会事半功倍，尤其对于新手，这点尤其重要。图 13-1 对话图标是两个重叠在一起的气泡，而每个气泡又是最简单的椭圆加小角组合，这样分析出来就比较容易动手，如图 13-2 所示。

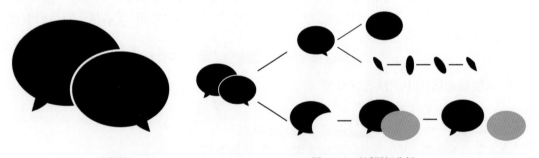

图 13-1　对话图标　　　　　　　　　图 13-2　对话图标分析

　　要用 Photoshop 绘制出图 13-1 的对话图标，操作步骤如图 13-3 所示。

图 13-3　操作流程

示范操作

1. 步骤一：新建一个文件

　　打开 Photoshop CC 2018，新建一个文件，参数设置如图 13-4 所示。如果只是在屏幕上阅览，不需要打印出来，分辨率设置为"72"即可，然后点击确定。

图 13-4　在菜单栏里选择"文件—新建"

2. 步骤二：绘制图形

（1）选择形状工具中的"椭圆"工具绘制一个椭圆，如图 13-5 所示。

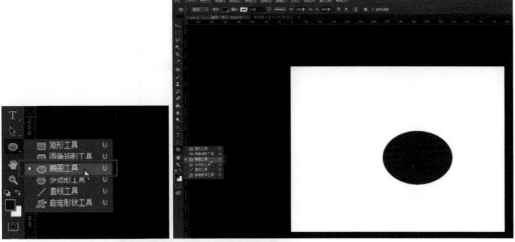

图 13-5　画椭圆形状

（2）确认椭圆图层是当前图层，然后继续选择"椭圆"形状工具，再点"路径操作"选项中的"合并形状"图标，如图 13-6 所示。 这时光标处会显示一个加号，如图 13-7 所示，表示在做布尔运算的相加运算，也就是绘制的图像将与之前的椭圆合并成为一个新的形状。

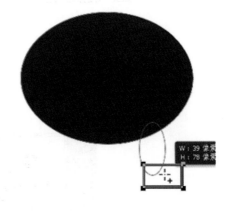

图 13-6　椭圆布尔运算相加　　　　　　　　　图 13-7　布尔运算相加光标显示

（3）绘制完成后如图 13-8 所示，同时确认一下两个形状是在同一个图层，如图 13-9 所示。

图 13-8　两个椭圆的相加

图 13-9　图层显示

（4）选择工具栏"自由变换"工具，将图形旋转大约 –45°，然后按回车键确定，如图 13-10 所示。

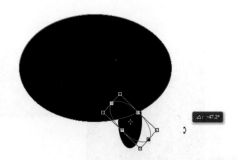

图 13-10　旋转椭圆

（5）在工具栏选择"钢笔—转换点"工具，对椭圆进行编辑，直到图形看上去像得一个气泡，如图 13-11 所示。

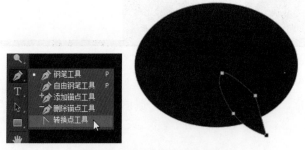

图 13-11　用转换点工具进行编辑

3. 步骤三：绘制第二个图形

（1）确定"椭圆 1"图层为当前图层，执行"图层—复制图层"命令得到"椭圆 1 拷贝"图层，图 13-12 所示，两个图层的内容完全一样。我们将在这个图层上编辑制作出另一个气泡。

图 13-12　椭圆 1 拷贝图层

（2）确定"椭圆1"图层为当前图层，在工具栏选择"自由变换"工具，然后点击鼠标右键，选择"水平翻转"，如图13-13所示，得到方向相反两个气泡。

（3）使用"自由变换"工具进行缩放和位置调整，得到如图13-14所示图形。

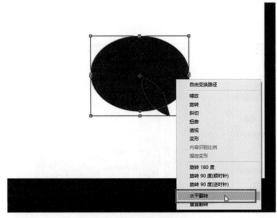

图13-13　图层水平翻转　　　　　　　　　　图13-14　对话图标外形

现在要在左边气泡上减去被遮挡的部分，使右边气泡重叠部分留出一条空白区域。在前面分析部分我们已经明确，减去的部分是比右边气泡椭圆大一些的灰色椭圆。这个椭圆可以通过右边气泡椭圆"复制""变形—放大"得到。

（4）点击选中"椭圆1"图层中椭圆，应用"Ctrl+J"命令原位复制并新建一个图层，得到新的图层"椭圆1 拷贝2"，如图13-15所示。为了方便观察我们把这个形状填充成灰色，应用"变换—等比例放大"命令稍微扩大一些，如图13-16所示。

图13-15　复制新的图层

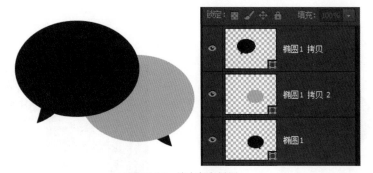

图13-16　放大灰色椭圆

（5）为了后续操作顺畅我们要调整一下图层顺序，在图 13-2 分析图中，我们看到在图形顺序上右边气泡在最上面，左边被遮挡的气泡在下面，所以我们要调整图层，调整后如图 13-17 所示。

（6）为了更直观显示我们点击图层旁边的眼睛图标隐藏"椭圆 1"图层，选中"椭圆 1 拷贝"图层和"椭圆 1 拷贝 2"图层执行"Ctrl+E"命令合并成一个图层，如图 13-18 所示。

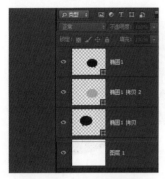

图 13-17　调整图层顺序

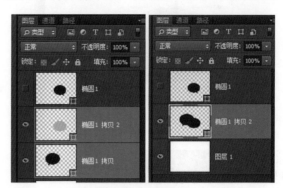

图 13-18　合并图层

（7）填充黑色，如图 13-19 所示。

图 13-19　合并图层后

（8）选中"椭圆 1 拷贝 2"图层为当前图层，执行"布尔运算相减"命令，如图 13-20 所示。

图 13-20　布尔运算相减

（9）得到左边被部分遮挡的气泡，如图 13-21 所示。

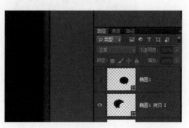

图 13-21　部分遮挡的气泡

4. 步骤四：合并图层，完成图标制作

（1）选择图层"椭圆 1"和"椭圆 1 拷贝 2"，执行"Ctrl+E"命令，合并图层如图 13-22 所示。

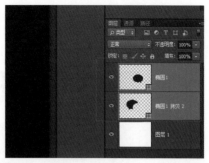

图 13-22　合并图层

（2）最终效果如图 13-23 所示。注意最终这个图标是在一个图层里。

图 13-23　完成后的对话图标

5. 步骤五：保存结果

参照之前学过的方法，保存结果文件。

 练一练

做一组矢量图标，通过形状工具、布尔运算命令完成，力求和谐、美观、精确。

相关知识与技能点 1——位图与矢量图

1. 位图

位图也称为点阵图像，是由称作像素（图片元素）的单个点组成的。这些点可以进行不同的排列和染色以构成图样（见图 13-24）。当放大位图时，可以看见赖以构成整个图像的无数单个方块。扩大位图尺寸的效果是增大单个像素，从而使线条和形状显得参差不齐。

图 13-24　位图

2. 矢量图

矢量图是根据几何特性来绘制图形，矢量可以是一些点、线、矩形、圆等，文件占用内在空间较小，因为这种类型的图像文件包含独立的分离图像，可以自由无限制的重新组合。它的特点是放大后图像不会失真，和分辨率无关，适用于图形设计、文字设计和一些标志设计、版式设计等。

Photoshop 是常用的处理图形图像的软件，目前 Photoshop CC 版本中矢量工具也是非常好用，为绘制图形提供了很大的方便。

相关知识与技能点 2——填充选区、图层和路径

1. 使用油漆桶工具进行填充

（1）选取一种前景色。

（2）选择油漆桶工具。

（3）指定是用前景色还是用图案填充选区。

（4）指定绘画的混合模式和不透明度。

（5）输入填充的容差。容差用于定义一个颜色相似度（相对于你所单击的像素），一个像素必须达到此颜色相似度才会被填充。值的范围可以从 0 到 255，低容差会填充颜色值范围内与所单击像素非常相似的像素，高容差则填充更大范围内的像素。

（6）要平滑填充选区的边缘，请选择"消除锯齿"。

（7）要仅填充与所单击像素邻近的像素，请选择"连续"；不选则填充图像中的所有相似像素。

（8）要基于所有可见图层中的合并颜色数据填充像素，请选择"所有图层"。

（9）单击要填充的图像部分。即会使用前景色或图案填充指定容差内的所有指定像素。如果你正在图层上工作，并且不想填充透明区域，请确保在"图层"面板中锁定图层的透明区域。

2. 给选区或图层填充颜色

（1）选择一种前景色或背景色。

（2）选择要填充的区域。要填充整个图层，请在"图层"面板中选择该图层。

（3）选取"编辑">"填充"以填充选区或图层。要填充路径，请选择路径并从"路径"面板菜单中选取"填充路径"，如图 13-25 所示。

图 13-25　填充选区或图层

（4）在"填充"对话框中，为"使用"选取以下选项之一，或选择一个自定图案：

前景色、背景色、黑色、50% 灰色或白色：使用指定颜色填充选区。

颜色：使用从拾色器中选择的颜色填充。

（5）指定绘画的混合模式和不透明度。如果正在图层中工作，并且只想填充包含像素的区域，请选取"保留透明区域"。

（6）单击"确定"按钮，应用填充效果。

3. 使用内容识别、图案或历史记录填充

（1）选择要填充的图像部分。

（2）选取"编辑">"填充"，打开填充对话框，如图 13-26 所示。

（3）从"使用"菜单中，选择以下选项之一。

内容识别：使用附近的相似图像内容不留痕迹地填充选区。为获得最佳结果，请让创建的选区略微扩展到要复制的区域之中（快速套索或选框选区通常已足够）。

颜色适应：（默认启用）通过某种算法将填充颜色与周围颜色混合。

图 13-26　内容识别，图案或历史记录填充

图案：单击图案样本旁边的倒箭头，并从弹出式面板中选择一种图案。可以使用弹出式面板菜单载入其他图案。选择图案库的名称，或选取"载入图案"并定位到要使用的图案所在的文件夹。（CC、CS6）也可以应用包含的五种脚本图案之一以轻松地创建各种几何填充图案。选择在"填充"对话框的底部的"Scripted Patterns"，然后从脚本弹出菜单中选择填充花样。

历史记录：将所选区域恢复为源状态或"历史记录"面板中设置的快照。

4. 用颜色给选区或图层描边

（1）选择一种前景色。

（2）选择要描边的区域或图层。

（3）选取"编辑">"描边"。

（4）在"描边"对话框中，指定硬边边框的宽度。

（5）对于"位置"，指定是在选区或图层边界的内部、外部还是中心放置边框。

（6）指定不透明度和混合模式。

（7）如果你正在图层中工作，而且只需要对包含像素的区域进行描边，请选择"保留透明区域"选项。

5. 绘制圆形或方形

（1）在"图层"面板中单击"新建图层"按钮 ，为圆形或方形创建一个新图层。将圆形或方形分离到单独的图层上可使处理过程更为容易。

（2）在工具箱中选择椭圆选框工具 ○ 或矩形选框工具 [] 。

（3）在文档窗口中拖动以创建形状。拖动时按住 Shift 键可以将形状约束为圆形或方形。

（4）选取"编辑">"描边"。

（5）在"描边"对话框中为"宽度"键入一个值，然后单击色板以显示 Adobe 拾色器。

（6）在 Adobe 拾色器中，使用色谱条上的三角形滑块定位你需要的颜色范围，然后在颜色字段中单击所需的颜色。选择的颜色会出现在色板的上半部分，原来的颜色保留在下半部分，单击"确定"。

（7）通过选取"内部""居中"或"外部"设置描边相对于选框的位置。根据需要调整其他设置，然后单击"确定"。Photoshop 会使用你设置的颜色和描边设置对线条进行描边。

相关知识与技能点 3 —— 布尔运算相关知识

1. 布尔运算

布尔运算是数字符号化的逻辑推演法，包括联合、相交、相减，在图形处理操作中引用了这种逻辑运算方法以使简单的基本图形组合产生新的形体，布尔运算可以在参数栏和属性栏里设置，如图 13-27、图 13-28 所示。

图 13-27 布尔运算在参数栏的位置

图 13-28 布尔运算在属性栏的位置

布尔运算只针对形状（矩形、圆角矩形、椭圆、多边形等）起作用，也就是说只有形状才能进行布尔运算，并且形状要在同一个图层里，如图 13-29、图 13-30 所示。

图 13-29 布尔运算只针对形状

图 13-30 形状要在同一个图层里

2. 几种布尔运算的效果

布尔运算的效果如图 13-31 所示。

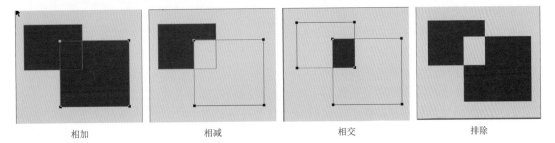

相加　　　　　　　相减　　　　　　　相交　　　　　　　排除

图 13-31 布尔运算的效果

3. 形状顺序

如果布尔运算出错，可以调整形状顺序，如图 13-32、图 13-33 所示。

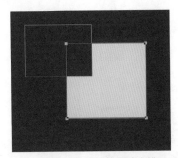

图 13-32 布尔运算相减出错

图 13-33 形状顺序菜单

任务 14 给风景制造眩目的透射光

光线是摄影的灵魂，学习摄影就要认识光线、了解光线，运用光线。日常生活中，最常见的光源是阳光，日出日落，星移斗转，它的瞬息万变，为我们的摄影创作提供了无数可能。太阳从早到晚的颜色是慢慢变化的，清晨和傍晚是暖暖的红黄色，而中午时分就变成了白色，而在阴影和阴天时，又呈现出神秘的幽蓝色，摄影师在拍摄时就可充分利用这些色光来营造出绚丽的画面。但是光线总是稍纵即逝，很难捕捉，能不能利用万能的 Photoshop 来创造各种需要的光线呢，答案是肯定的，这一个任务我们就学习怎么样用简单的方法给照片加上炫目的透射光。

 学习目标

完成本训练任务后，你应当能（够）：
- 能对图片进行基本的调色处理。
- 熟练利用图层调整功能给图片添加特效。
- 进一步熟悉滤镜。
- 掌握图层样式和效果基础知识。

选择一张合适的风景照片（见图 14-1），经过处理增加透射光效（见图 14-2）。

通过原图跟处理后图片的比较，我们可以看出差别：图 14-1 的照片颜色和光线都比较单调，而图 14-2 的光线效果被加强，更加炫目有电影特效的感觉。透射光制作方法有很多，本次任务我们介绍一种比较简单实用的方法。

图 14-1 原图

图 14-2 完成后的图

将图 14-1 所示的原图处理成图 14-2 所示的图，操作流程如图 14-3 所示。

图 14-3 操作流程图

示范操作

1. 步骤一：利用滤镜做出初步的透射光

（1）打开 Photoshop CC 2018，选择一张合适的有阳光的风景照片打开，照片打开在软件里的状态如图 14-4 所示。

图 14-4　打开图片到 Photoshop 里

（2）执行菜单"选择—色彩范围"，把"颜色容差"的数值设置大一点约 100 以上，然后用吸管在画面最亮的地方，即白色天空部分吸取颜色，如图 14-5 所示。吸取颜色后点击"确定"按钮，效果如图 14-6 所示，被选取的部分会以虚线选区显示出来。

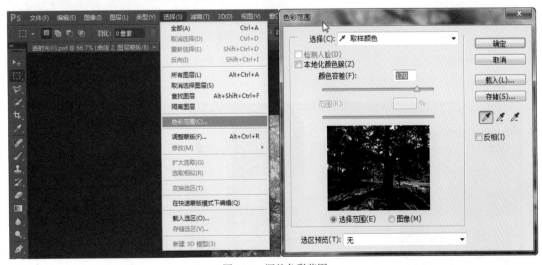

图 14-5　调整色彩范围

图 14-6　白色高光部分被选取

（3）执行菜单"图层—新建—通过拷贝的图层"命令，复制选区到新的图层，如图 14-7 所示。

图 14-7　复制选区到新的图层

（4）执行菜单"滤镜—模糊—径向模糊"命令，打开径向模糊对话框，设置参数如图 14-8 所示。数量不同，所产生的模糊和效果就会有偏差，设置好后点击"确定"，效果如图 14-9 所示。

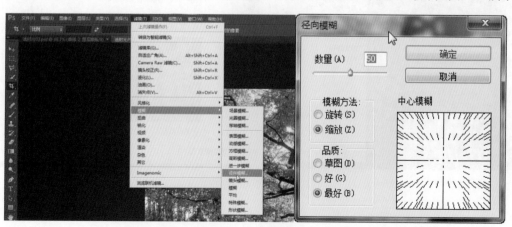

图 14-8　径向模糊

图 14-9　初步效果

2. 步骤二：使用模糊滤镜调整光线

（1）为了让光线更加的柔和，与自然光更加接近，需要进行一下高级模糊。在执行"滤镜—模糊—高斯模糊"命令，打开高斯模糊对话框，设置参数如图 14-10 所示。

图 14-10　高斯模糊

（2）在键盘按住 Ctrl 不放同时点击当前图层，即图层 1，再次载入选区，如图 14-11 所示。

图 14-11　再次载入选区

（3）添加曲线调整图层，具体的方法我们在之前的任务中已经学习过，点击图层面板底部的"创建新的填充或调整图层"按钮，选择曲线调整，设置参数如图 14-12 所示，将光线区域再提亮一些，最终效果如图 14-13 所示，光线强烈了很多。

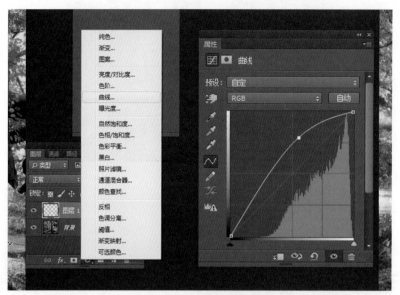

图 14-12　调整曲线

图 14-13　调整曲线后的效果

3. 步骤三：通过图层调整让光效更加真实

接下来我们需要盖印图层，盖印图层就是将之前处理后的效果盖印到新的图层上，功能和合并图层差不多，不过比合并图层更好用，因为盖印是重新生成一个新的图层而一点都不会影响你之前所处理的图层。这样做的好处就是，如果你觉得之前处理的效果不太满意，你可以删除盖印图层，之前做效果的图层依然还在，极大程度上方便我们处理图片，也可以节省时间。

（1）在键盘上同时按住 Ctrl+Shift+Alt+E 盖印图层，盖印后的图层如图 14-14 所示。

图 14-14　盖印图层

（2）执行"滤镜—高斯模糊"命令，参数大致如图 14-15 所示。

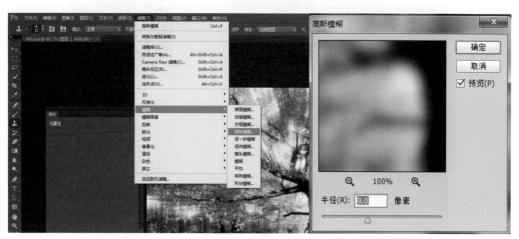

图 14-15　高斯模糊

（3）将图层模式改为"滤色"，透明度 20%，如图 14-16 所示。

图 14-16　设置图层模式为"滤色"

（4）再次同时按住"Ctrl+图层 1"选取高光部分，如图 14-17 所示，再增加一个曲线调整图层提亮光源部分，让光线更加炫目一点，如图 14-18 所示。

图 14-17　再次选取高光部分

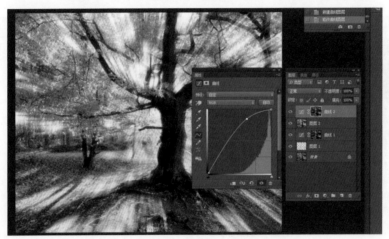

图 14-18　再增加一个曲线调整图层加强高光

（5）分别新建"曲线调整图层""色彩平衡"和"可选颜色图层"，大致参数设置如图 14-19～图 14-21 所示，目的是将地面及周边进行压暗处理，最后降低青色饱和度，让画面主体更加突出，这个颜色及画面的后期调整取决于你的照片的色彩和个人的风格偏好，可以任意设置，只要画面最终效果达到你的要求即可，最终效果如图 14-22 所示。

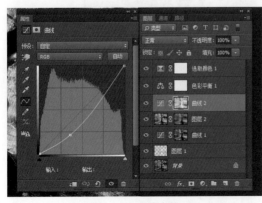

图 14-19　曲线参数

图 14-20　色彩平衡参数

图 14-21　可选颜色参数　　　　　　　　　　　　　　　图 14-22　最终效果

4. 步骤四：保存文件

参照之前学过的方法，保存文件。

 练一练

选择几张不同时间的光线照片，然后根据本次任务学的制作透射光效果，可以根据图片的色调和个人偏好调出你所喜欢的效果，尽量让画面出彩。

 相关知识与技能点——滤镜

1. 滤镜作用

（1）通过使用滤镜，可以清除和修饰照片，应用能够为你的图像提供素描或印象派绘画外观的特殊艺术效果，还可以使用扭曲和光照效果创建独特的变换。

（2）通过应用于智能对象的智能滤镜，可以在使用滤镜时不会造成破坏。智能滤镜作为图层效果存储在"图层"面板中，并且可以利用智能对象中包含的原始图像数据随时重新调整这些滤镜。

（3）要使用滤镜，请从"滤镜"菜单中选取相应的子菜单命令。

2. 滤镜库概述

（1）滤镜库可提供许多特殊效果滤镜的预览。可以应用多个滤镜、打开或关闭滤镜的效果、复位滤镜的选项以及更改应用滤镜的顺序。如果对预览效果感到满意，则可以将它应用于图像。滤镜库并不提供"滤镜"菜单中的所有滤镜。

（2）显示滤镜库：选取"滤镜"＞"滤镜库"。单击滤镜的类别名称，可显示可用滤镜效果的缩览图，如图 14-23 所示。

（3）放大或缩小预览：单击预览区域下的"＋"或"－"按钮，或选取一个缩放百分比。

（4）查看预览的其他区域：使用抓手工具在预览区域中拖动。

（5）隐藏滤镜缩览图：单击滤镜库顶部的"显示 / 隐藏"按钮 ⊗。

图 14-23　滤镜库

3. 从滤镜库应用滤镜

（1）执行下列操作。

1）要将滤镜应用于整个图层，请确保该图层是现用图层或选中的图层。

2）要将滤镜应用于图层的一个区域，请选择该区域。

3）要在应用滤镜时不造成破坏以便以后能够更改滤镜设置，请选择包含要应用滤镜的图像内容的智能对象。

（2）选取"滤镜" > "滤镜库"。

（3）单击一个滤镜名称以添加第一个滤镜。你可能需要单击滤镜类别旁边的倒三角形以查看完整的滤镜列表。添加滤镜后，该滤镜将出现在"滤镜库"对话框右下角的已应用滤镜列表中。

（4）为选定的滤镜输入值或选择选项。

（5）执行下列任一操作。

1）要累积应用滤镜，请单击"新建效果图层"图标 ，并选取要应用的另一个滤镜，重复此过程以添加其他滤镜。

2）要重新排列应用的滤镜，请将滤镜拖动到"滤镜库"对话框右下角的已应用滤镜列表中的新位置。

3）要删除应用的滤镜，请在已应用滤镜列表中选择滤镜，然后单击"删除图层"图标 。

（6）如果对结果满意，请单击"确定"。

4. 混合和渐隐滤镜效果

（1）将滤镜、绘画工具或颜色调整应用于一个图像或选区，如图 14-24 所示，在风格化滤镜中选择"照亮边缘"，然后点击确定。

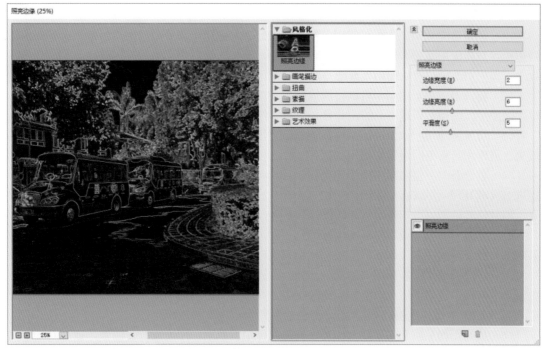

图 14-24 应用"照亮边缘"滤镜

（2）选取"编辑">"渐隐"。选择"预览"选项预览效果，如图 14-25 所示。

图 14-25 预览滤镜效果

（3）拖动滑块，从 0%（透明）到 100% 调整不透明度。

（4）从"模式"菜单中选取混合模式，最终效果如图 14-26 所示。

图 14-26 渐隐滤镜效果

5. 创建特殊效果

（1）创建边缘效果：你可以使用多种方法来处理只应用于部分图像的边缘效果。要保留清晰边缘，只需应用滤镜即可。要得到柔和的边缘，则将边缘羽化，然后应用滤镜。要得到透明效果，请应用滤镜，然后使用"渐隐"命令调整选区的混合模式和不透明度。

（2）将滤镜应用于图层：可以将滤镜应用于单个图层或多个连续图层以加强效果。要使滤镜影响图层，图层必须是可见的，并且必须包含像素，例如中性的填充色。

（3）将滤镜应用于单个通道：可以将滤镜应用于单个的通道，对每个颜色通道应用不同的效果，或应用具有不同设置的同一滤镜。

（4）创建背景：将效果应用于纯色或灰度形状可生成各种背景和纹理。然后可以对这些纹理进行模糊处理。尽管有些滤镜（例如"玻璃"滤镜）在应用于纯色时不明显或没有表体现效果，但其他滤镜却可以产生明显的效果。

（5）将多种效果与蒙版或复制图像组合：使用蒙版创建选区，你可以更好地控制从一种效果到另一种效果的转变。例如，可以对使用蒙版创建的选区应用滤镜。你也可以使用历史记录画笔工具将滤镜效果绘制到图像的某一部分。首先，将滤镜应用于整个图像，接下来，在"历史记录"面板中返回到应用滤镜前的图像状态，并通过单击该历史记录状态左侧的方框将历史记录画笔源设置为应用滤镜后的状态，然后绘制图像。

（6）提高图像品质和一致性：你可以掩饰图像中的缺陷，修改或改进图像，或者对一组图像应用同一效果来建立关系。使用"动作"面板记录修改一幅图像的步骤，然后对其他图像应用该动作。

任务 15　绘制水晶效果图标

本任务我们学习绘制水晶球效果的透明图标，通过图层样式、图层蒙版、剪切蒙版等完成真实的光影质感效果，最终效果如图 15-1 所示。

图 15-1　水晶球透明图标

学习目标

完成本训练任务后，你应当能（够）：

● 会使用图层样式。

● 会使用图层蒙版与剪切蒙版。

分解图 15-1 所示这个图标，我们可以拆分出三个层次：底版＋花朵＋遮罩，在图层编辑上我们也依照这个顺序，如图 15-2 所示。

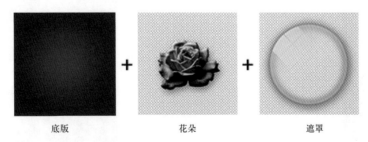

底版　　　　　　　　　花朵　　　　　　　　　遮罩

图 15-2　水晶球透明图标分析

要画出图 15-1 所示的水晶球透明图标，操作流程如图 15-3 所示。

图 15-3　操作流程

示范操作

1. 步骤一：绘制背景

（1）打开 Photoshop CC 2018，在 Photoshop 的菜单栏里面选择"文件—新建"，调出"新建"对话框填写文件名和参数，如果只是在屏幕上显示，不需要打印，分辨率设置城"72"即可，如果是需要打印的文件就设置成 300dpi。如图 15-4 所示，设置完成点击确定。

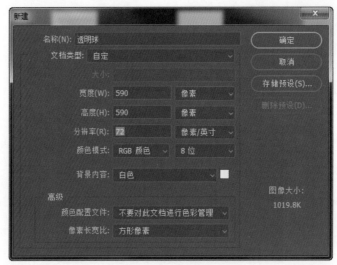

图 15-4　新建文档

（2）绘制与背景一样大小的正方形。选择形状工具中"矩形工具"并且确认是在"形状"属性中绘制一个与背景一样大小的 590×590PX 的正方形，如图 15-5 所示。

图 15-5　形状工具绘制正方形

为保证是 590×590PX 大小的正方形，有几种画法：

1）绘制矩形时按住 Shift 键确保是正方形，可以绘制完在属性里修改数值，如图 15-6 所示，绘制完成后与画布对齐。

2）第二种方法在选中"矩形工具"后在画布上单击跳出对话框，输入数值确认，如图 15-7 所示。

图 15-6 修改数值绘制正方形

图 15-7 直接创建正方形

（3）双击矩形图层，打开图层样式面板，如图 15-8 所示。

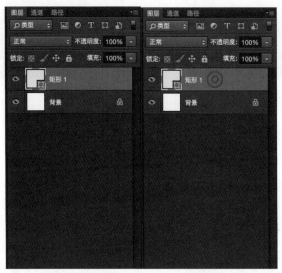

图 15-8 双击图层打开图层样式对话框

（4）编辑图层样式面板，操作步骤如图 15-9 所示。

1）勾选渐变叠加，点击选中此项（变蓝）。

2）样式选择"径向"。

3）点击渐变条进入渐变编辑器，开始编辑。

4）双击渐变条左侧下方色块，或者单击 5 进入拾色器面板进行选色，也可以在 16 进制处直接填数值，如图 15-10 所示，点击确定选色完成。

（5）重复操作，完成 4 渐变条的右侧下方色块的选色，16 进制色值如图 15-11 所示。

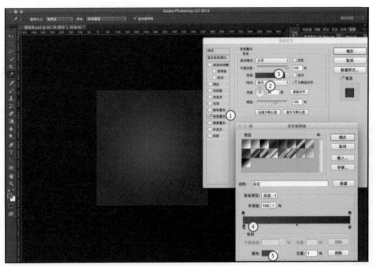

图 15-9　编辑渐变叠加

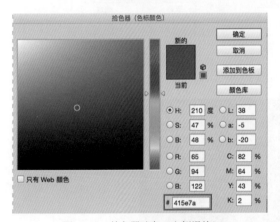

图 15-10　拾色器选色（左侧滑块）

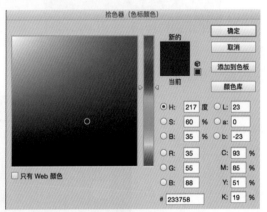

图 15-11　拾色器选色（右侧滑块）

（6）点击确定，关闭图层样式面板，底版完成编辑，如图 15-12 所示。

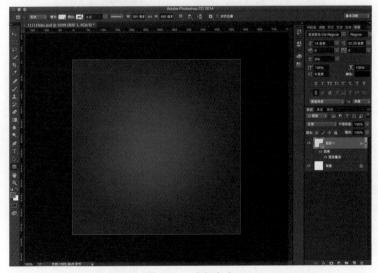

图 15-12　底版完成

2. 步骤二：处理花朵效果

（1）增加一个花朵图层。执行"文件－置入嵌入的智能对象"打开面板，在"素材"文件包里找到"花朵"文件选中，点击置入，如图 15-13、图 15-14 所示。或者在"素材"文件包里找到"花朵"文件直接拖拽到"透明球"的编辑文件上，同样为置入文件。

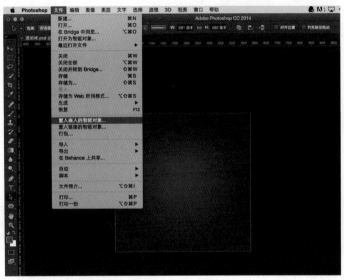

图 15-13　置入文件

图 15-14　选中素材

（2）双击"花朵"图层，打开图层样式面板，编辑"斜面与浮雕"效果，如图 15-15 所示。

1）选择"斜面与浮雕"。

2）编辑深度与效果参数。

3）编辑光影色彩参数，斜面与浮雕高光颜色参数如图 15-16 所示，斜面与浮雕阴影颜色如图 15-17 所示，设置完成即可点击确认。

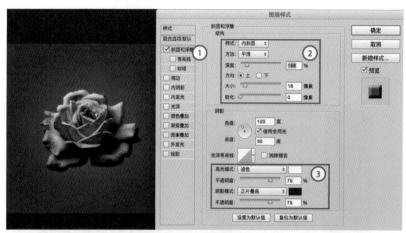

图 15-15　花朵图层"斜面与浮雕"效果

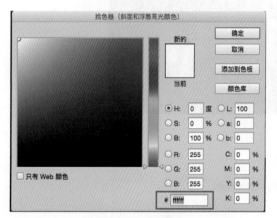

图 15-16　斜面与浮雕高光颜色 (ffffff 为白色)

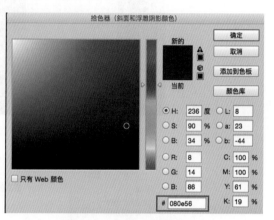

图 15-17　斜面与浮雕阴影颜色

（3）编辑投影。

1）勾选"投影"选项。

2）设置投影颜色为黑色，透明度 67%。

3）编辑投影效果，参数设置如图 15-18 所示。

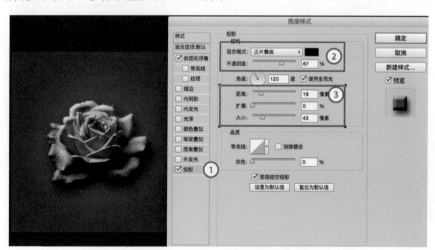

图 15-18　花朵图层"投影"效果

3. 步骤三：绘制遮罩效果

（1）新建图层，用"椭圆"工具以花朵为中心画一个大小为 452×452px 的正圆，如图 15-19 所示，并命名为"椭圆 1"图层。

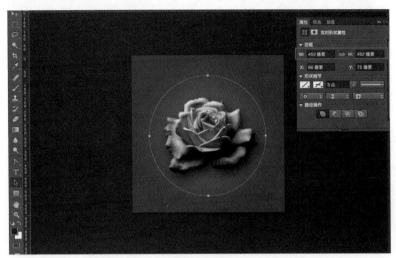

图 15-19　椭圆

（2）编辑图层样式，制作出透明气泡。首先编辑描边，如图 15-20 所示。

1）勾选"描边"选项。

2）设置编辑"描边"效果。

3）编辑"描边"颜色，单击确定确认效果。

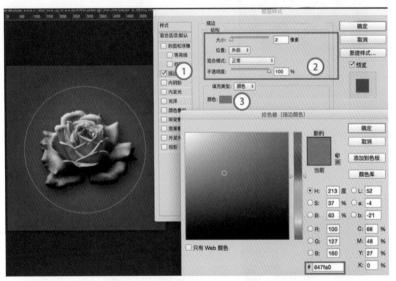

图 15-20　椭圆图层样式"描边"效果

（3）编辑"内发光"效果，如图 15-21 所示。

1）勾选"内发光"选项。

2）编辑"内发光"效果的结构，参数如图 15-21 所示。

3）编辑"内发光"效果。沿着椭圆轮廓向内有层发光效果，单击"确定"确认效果。此时已有透明气泡效果。

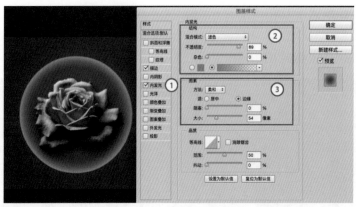

图 15-21　椭圆图层样式"内发光"效果

（4）编辑"外发光"效果，如图 15-22 所示。

1）"外发光"选项。

2）编辑"外发光"效果的结构，参数如图 15-22 所示。

3）编辑"外发光"效果图素。沿着椭圆轮廓向外有层发光效果，单击"确定"确认效果。如图 15-21 所示。此时椭圆轮廓比较柔和，透明气泡效果更加逼真。

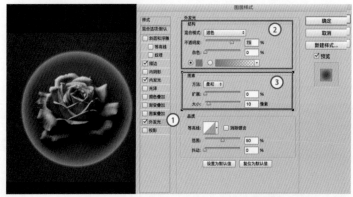

图 15-22　椭圆图层样式"外发光"效果

（5）为椭圆增加投影。

1）勾选"投影"选项。

2）编辑"投影"结构效果，参数如图 15-23 所示，单击"确定"确认。此时透明气泡在底板上有了投影，有了空间感。

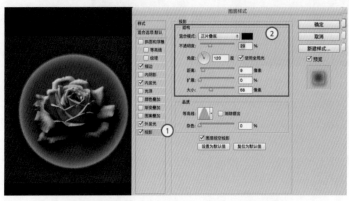

图 15-23　椭圆图层样式"投影"效果

（6）加强透明气泡效果。复制一个"椭圆1"图层，选中"椭圆1"图层，按快捷键Ctrl+J，得到"椭圆1拷贝"图层。如图15-24所示，椭圆效果加强。

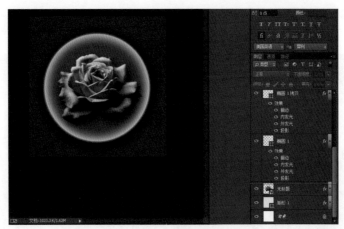

图 15-24 原位复制新的图层

（7）为了使气泡效果更加逼真，再添加一个"外发光"效果图层。原位复制图层"椭圆1拷贝"，得到"椭圆1拷贝2"，双击"椭圆1拷贝2"图层，取消"描边""内发光"和"投影"效果，编辑"外发光"效果，如图15-25所示。

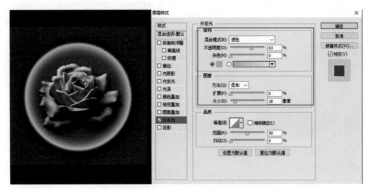

图 15-25 新建图层的"外发光"效果

（8）继续原位复制新的图层"椭圆1拷贝3"，双击此图层编辑图层样式。勾选"渐变叠加"效果，如图15-26所示，透明气泡立体感更加逼真。

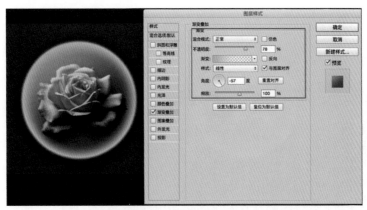

图 15-26 新建图层的"渐变叠加"效果

4. 步骤四：制作高光

（1）最后制作透明气泡上的图标。用"矩形"工具绘制一个矩形，得到"矩形2"图层，这一步不做详细的解说，请结合我们在之前任务中学习的布尔运算，钢笔锚点等工具编辑图形，得到如图15-27的图形，然后填充白色。

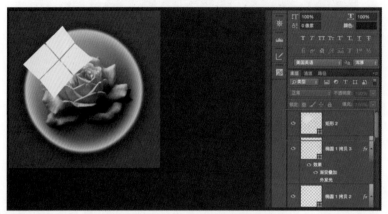

图 15-27　新建"矩形2"图层绘制图标

（2）添加图层蒙版，然后填充黑白渐变效果，让图标半透明，如图15-28所示。

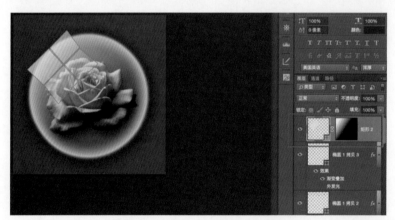

图 15-28　增加图层蒙版做半透明效果

（3）将图标放在椭圆内部。右键单击"矩形2"图层选择"创建剪切蒙版"如图15-29所示。

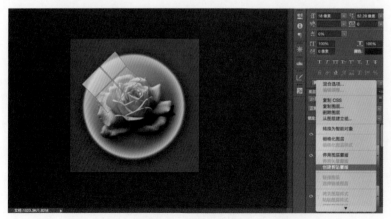

图 15-29　创建剪切蒙版

（4）这时"矩形2"图层出现剪切蒙版符号但是图标并不显示，如图15-30所示。

图15-30　创建剪切蒙版

（5）需要调整一下高级混合模式。双击"椭圆1拷贝3"图层，编辑高级混合模式，如图15-31所示，点击"确认"，完成水晶球透明图标绘制。

图15-31　编辑高级混合模式完成

（6）最终效果如图15-32所示。

图15-32　最终效果

5. 步骤五：保存结果

参照之前学过的方法，保存结果文件。

练一练

利用图层样式、剪切蒙版制作如图 15-33 所示图标，力求真实、和谐、美观、精确。

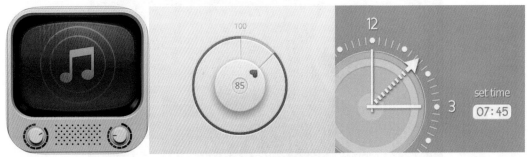

图 15-33　图标制作

 相关知识与技能点 1——图层样式

图层样式是 PS 中一个用于制作各种效果的强大功能，利用图层样式功能，可以简单快捷地制作出各种立体投影，各种质感以及光景效果的图像特效。与不用图层样式的传统操作方法相比较，图层样式具有速度更快、效果更精确、更强的可编辑性等无法比拟的优势。图层样式面板如图 15-34 所示。

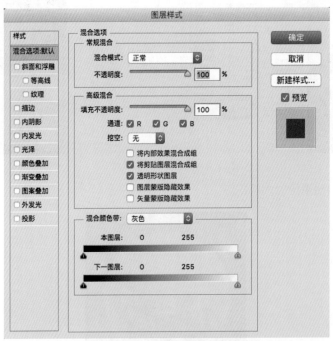

图 15-34　图层样式面板

1. 投影

投影是将图层上的对象、文本或形状后面添加阴影效果。投影参数由"混合模式""不透明度""角度""距离""扩展"和"大小"等各种选项组成，通过对这些选项的设置可以得到需要的效果，如图 15-35 所示。

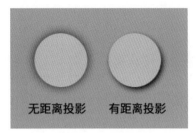

图 15-35　投影

2. 内阴影

内阴影是将在对象、文本或形状的内边缘添加阴影，让图层产生一种凹陷外观，内阴影效果对文本对象效果更佳，如图 15-36 所示。

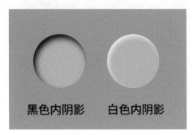

图 15-36　内阴影

3. 外发光

外发光是将从图层对象、文本或形状的边缘向外添加发光效果。设置参数可以让对象、文本或形状更精美，如图 15-37 所示。

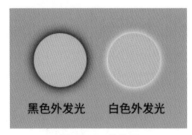

图 15-37　外发光

4. 内发光

内发光是将从图层对象、文本或形状的边缘向内添加发光效果，如图 15-38 所示。

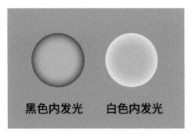

图 15-38　内发光

5. 斜面和浮雕

"样式"下拉菜单将为图层添加高亮显示和阴影的各种组合效果，如图 15-39 所示。

"斜面和浮雕"对话框样式参数的含义如下：

（1）外斜面：沿对象、文本或形状的外边缘创建三维斜面。

（2）内斜面：沿对象、文本或形状的内边缘创建三维斜面。

（3）浮雕效果：创建外斜面和内斜面的组合效果。

（4）枕状浮雕：创建内斜面的反相效果，其中对象、文本或形状看起来下沉。

图 15-39　斜面和浮雕

6. 光泽

光泽是将图层对象内部应用阴影，与对象的形状互相作用，通常创建规则波浪形状，产生光滑的磨光及金属效果。

7. 颜色叠加

颜色叠加是在图层对象上叠加一种颜色，即用一层纯色填充到应用样式的对象上。从"设置叠加颜色"选项可以通过"选取叠加颜色"对话框选择任意颜色。

8. 渐变叠加

渐变叠加是在图层对象上叠加一种渐变颜色，即用一层渐变颜色填充到应用样式的对象上。通过"渐变编辑器"还可以选择使用其他的渐变颜色，如图 15-40 所示。

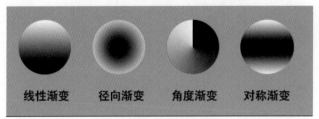

图 15-40　渐变叠加

9. 图案叠加

图案叠加是在图层对象上叠加图案，即用一致的重复图案填充对象，从"图案拾色器"还可以选择其他的图案。

10. 描边

描边是使用颜色、渐变颜色或图案描绘当前图层上的对象、文本或形状的轮廓，对于边缘清晰的形状（如文本），这种效果尤其有用。

相关知识与技能点 2——图层样式应用

1. 应用预设样式

（1）显示样式面板：选取"窗口"＞"样式"。

（2）对图层应用预设样式。

1）在"样式"面板中单击一种样式以将其应用于当前选定的图层。

2）将样式从"样式"面板拖动到"图层"面板中的图层上。

3）将样式从"样式"面板拖动到文档窗口，当鼠标指针位于希望应用该样式的图层内容上时，松开鼠标按钮。

4）选取"图层"＞"图层样式"＞"混合选项"，然后单击"图层样式"对话框中的文字样式（对话框左侧列表中最上面的项目）。单击要应用的样式，然后单击"确定"。

5）在形状图层模式下使用"形状"工具或"钢笔"工具时，请在绘制形状前从选项栏的弹出式面板中选择样式。

（3）应用另一个图层中的样式。

1）在"图层"面板中，按住 Alt 键并从图层的效果列表拖动样式，以将其拷贝到另一个图层。

2）在"图层"面板中，单击此样式，并从图层的效果列表中拖动，以将其移动到另一个图层。

（4）更改预设样式的显示方式。

1）单击"样式"面板中的三角形、"图层样式"对话框或选项栏中的"图层样式"弹出式面板。

2）从面板菜单中选择显示选项。

"纯文本"：以列表形式查看图层样式。

"小缩览图"或"大缩览图"：以缩览图形式查看图层样式。

"小列表"或"大列表"：以列表形式查看图层样式，同时显示所选图层样式的缩览图。

2. 应用或编辑自定图层样式

（1）从"图层"面板中选择单个图层。

（2）执行下列操作之一。

1）双击该图层（在图层名称或缩览图的外部）。

2）在"图层"面板的底部单击"添加图层样式"图标，然后从列表中选择一种效果。

3）从"样式"＞"图层样式"子菜单中选取效果。

4）要编辑现有样式，请双击在"图层"面板中的图层名称下方显示的效果。单击"添加图层样式"图标旁边的三角形，显示该样式包含的效果。

（3）在"图层样式"对话框中设置效果选项。

（4）如果需要，将其他效果添加到样式。在"图层样式"对话框中，单击效果名称左边的复选框，以便添加效果但不选择它。

3. 将样式默认值更改为自定值

（1）在"图层样式"对话框中，根据需要自定设置。

（2）单击"设置为默认值"。在下次打开对话框时，系统会自动应用你自定的默认值。如果你调整设置并希望恢复你自定的默认值，请单击"复位为默认值"。

4. 图层样式选项

高度：对于斜面和浮雕效果，设置光源的高度。值为 0 表示底边；值为 90 表示图层的正上方。

角度：确定效果应用于图层时所采用的光照角度，可以在文档窗口中拖动以调整"投影""内阴影"或"光泽"效果的角度。

消除锯齿：混合等高线或光泽等高线的边缘像素，此选项在具有复杂等高线的小阴影上最有用。

混合模式：确定图层样式与下层图层（可以包括也可以不包括现用图层）的混合方式。例如，内阴影与现用图层混合，因为此效果绘制在该图层的上部，而投影只与现用图层下的图层混合。在大多数情况下，每种效果的默认模式都会产生最佳结果，请参阅混合模式。

阻塞：模糊之前收缩"内阴影"或"内发光"的杂边边界。

颜色：指定阴影、发光或高光，可以单击颜色框并选取颜色。

等高线：使用纯色发光时，等高线允许你创建透明光环。使用渐变填充发光时，等高线允许你创建渐变颜色和不透明度的重复变化。在斜面和浮雕中，可以使用"等高线"勾画在浮雕处理中被遮住的起伏、凹陷和凸起。使用阴影时，可以使用"等高线"指定渐隐。有关详细信息，请参阅利用等高线调整图层效果。

距离：指定阴影或光泽效果的偏移距离，可以在文档窗口中拖动以调整偏移距离。

深度：指定斜面深度，它还指定图案的深度。

使用全局光：你可以使用此设置来设置一个"主"光照角度，此角度可用于使用阴影的所有图层效果："投影""内阴影"以及"斜面和浮雕"。在任何这些效果中，如果选中"使用全局光"并设置一个光照角度，则该角度将成为全局光源角度。选定了"使用全局光"的任何其他效果将自动继承相同的角度设置。如果取消选择"使用全局光"，则设置的光照角度将成为"局部的"并且仅应用于该效果，也可以通过选取"图层样式">"全局光"来设置全局光源角度。

光泽等高线：创建有光泽的金属外观。"光泽等高线"是在为斜面或浮雕加上阴影效果后应用的。

渐变：指定图层效果的渐变。单击"渐变"以显示"渐变编辑器"，或单击倒箭头并从弹出式面板中选取一种渐变。可以使用渐变编辑器编辑渐变或创建新的渐变。在"渐变叠加"面板中，可以像在渐变编辑器中那样编辑颜色或不透明度。对于某些效果，可以指定附加的渐变选项。"反向"翻转渐变方向，"与图层对齐"使用图层的外框来计算渐变填充，而"缩放"则缩放渐变的应用，还可以通过在图像窗口中单击和拖动来移动渐变中心，"样式"指定渐变的形状。

高光或阴影模式：指定斜面或浮雕高光，或阴影的混合模式。

抖动：改变渐变的颜色和不透明度的应用。

图层挖空投影：控制半透明图层中投影的可见性。

杂色：指定发光或阴影的不透明度中随机元素的数量，输入值或拖动滑块。

不透明度：设置图层效果的不透明度，输入值或拖动滑块。

图案：指定图层效果的图案。单击弹出式面板并选取一种图案。单击"新建预设"按钮，根据当前的设置新建预设模式。单击"贴紧原点"，使图案的原点与文档的原点相同（在"与图层链接"处于选定状态时），或将原点放在图层的左上角（如果取消选择了"与图层链接"）。如果希望图案在图层移动时随图层一起移动，请选择"与图层链接"。拖动"缩放"滑块，或输入一个值以指定图案的大小。拖动图案可在图层中定位图案；通过使用"贴紧原点"按钮来重设位置。如果未载入任何图案，则"图案"选项不可用。

位置：指定描边效果的位置是"外部""内部"还是"居中"。

范围：控制发光中作为等高线目标的部分或范围。

大小：指定模糊的半径和大小或阴影大小。

软化：模糊阴影效果可减少多余的人工痕迹。

源：指定内发光的光源。选取"居中"以应用从图层内容的中心发出的发光，或选取"边缘"以应用从图层内容的内部边缘发出的发光。

扩展：在模糊之前扩大杂边边界。

样式："内斜面"在图层内容的内边缘上创建斜面；"外斜面"在图层内容的外边缘上创建斜面；"浮雕效果"模拟使图层内容相对于下层图层呈浮雕状的效果；"枕状浮雕"模拟将图层内容的边缘压入下层图层中的效果；"描边浮雕"将浮雕限于应用于图层的描边效果的边界。如果未将任何描边应用于图层，则"描边浮雕"效果不可见。

方法："平滑""雕刻清晰"和"雕刻柔和"可用于斜面和浮雕效果；"柔和"与"精确"应用于内发光和外发光效果。"平滑"稍微模糊杂边的边缘，可用于所有类型的杂边，不论其边缘是柔和的还是清晰的，此技术不保留大尺寸的细节特征。"雕刻清晰"使用距离测量技术，主要用于消除锯齿形状（如文字）的硬边杂边，它保留细节特征的能力优于"平滑"技术。"雕刻柔和"使用经过修改的距离测量技术，虽然不如"雕刻清晰"精确，但对较大范围的杂边更有用，它保留特征的能力优于"平滑"技术。"柔和"应用模糊，可用于所有类型的杂边，不论其边缘是柔和的还是清晰的，"柔和"不保留大尺寸的细节特征。"精确"使用距离测量技术创造发光效果，主要用于消除锯齿形状（如文字）的硬边杂边，它保留特写的能力优于"柔和"技术。

纹理：应用一种纹理。使用"缩放"来缩放纹理的大小。如果要使纹理在图层移动时随图层一起移动，请选择"与图层链接"。"反相"使纹理反相。"深度"改变纹理应用的程度和方向（上／下）。"贴紧原点"使图案的原点与文档的原点相同（如果取消选择了"与图层链接"），或将原点放在图层的左上角（如果"与图层链接"处于选定状态）。拖动纹理可在图层中定位纹理。

5. 显示或隐藏图层样式

（1）隐藏或显示图像中的所有图层样式：选择"图层">"图层样式">"隐藏所有效果"或"显示所有效果"。

（2）展开或折叠"图层"面板中的图层样式。

1）单击"添加图层样式"图标旁边的三角形，将应用于该图层的图层效果列表展开。

2）单击三角形以折叠图层效果。

3）要展开或折叠组中应用的所有图层样式，请按住 Alt 键 (Windows) 或 Option 键 (Mac OS) 并单击组中的三角形或倒三角形。应用于组中所有图层的样式也会相应地展开或折叠。

6. 拷贝图层样式

（1）从"图层"面板中，选择包含要拷贝的样式的图层。

（2）选取"图层">"图层样式">"拷贝图层样式"。

（3）从面板中选择目标图层，然后选取"图层">"图层样式">"粘贴图层样式"，粘贴的图层样式将替换目标图层上的现有图层样式。

（4）通过拖动在图层之间拷贝图层样式。

1）在"图层"面板中，按住 Alt 键 (Windows) 或 Option 键 (Mac OS) 并将单个图层效果从一个图层拖动到另一个图层以复制图层效果，或将"效果"栏从一个图层拖动到另一个图层也可以复制图层样式。

2）将一个或多个图层效果从"图层"面板拖动到图像，以将结果图层样式应用于"图层"面板中包含放下点处的像素的最高图层。

7. 缩放图层效果

（1）在"图层"面板中选择图层。

（2）选取"图层">"图层样式">"缩放效果"。

（3）输入一个百分比或拖动滑块。

（4）选择"预览"可预览图像中的更改。

（5）单击"确定"。

8. 移去图层效果

（1）从样式中移去效果。

1）在"图层"面板中，展开图层样式，以便可以看到其效果。

2）将效果拖动到"删除"图标📷。

（2）从图层中移去样式。

1）在"图层"面板中，选择包含要删除的样式的图层。

2）执行下列操作之一：

在"图层"面板中，将"效果"栏拖至"删除"图标📷。

选取"图层">"图层样式">"清除图层样式"。

选择图层，然后单击"样式"面板底部的"清除样式"按钮◎。

9. 将图层样式转换为图像图层

（1）在"图层"面板中，选择包含要转换的图层样式的图层。

（2）选取"图层">"图层样式">"创建图层"。现在可以用处理常规图层的方法修改和重新堆栈新图层，一些效果（例如，内发光）将转换到剪贴蒙版内的图层。

任务 16 抠出复杂背景发丝

在处理照片的时候，经常需要把复杂的头发丝从背景从分离出来，也就是抠图。用单一的抠图方法很难把发丝细节，颜色等都保留完整，这时就需要用到通道。通道抠图之前，我们需要了解一下通道的知识。RGB 模式下，我们看到的彩图都是用黑白图像保存在各个通道里面。由通道的概念我们也知，道通道抠图其实是有缺陷的，因为单个通道的图像信息是不完整的。不过我们可以避免这些不足，把需要抠取的主体转为与红、绿、蓝非常接近的颜色，这样抠出来的图像精细度极高。

 学习目标

完成本训练任务后，你应当能（够）：
- 了解并会使用匹配、替换颜色工具。
- 了解并会使用通道，能使用通道对背景复杂的照片进行精细抠图。
- 了解并会更改背景颜色。
- 了解通道的基础知识。
- 进一步熟练掌握图层调整。

通过原图（见图 16-1）跟处理后图片（见图 16-2）的比较，我们可以看出差别：处理后的人物已经从复杂的背景中被抽离了出来，更改了背景的颜色，并且保留了人物头发的细节，抠出来的图像精细度较高，可以放置在任何的背景上。

图 16-1 原图

图 16-2 完成后的图

将图 16-1 所示的原图处理成图 16-2 所示的图，操作流程如图 16-3 所示。

图 16-3　操作流程

 示范操作

1. 步骤一：简单调色

我们先简单分析发丝与背景的颜色差别，感觉色差还不是很好，为了方便后期的抠图，先要简单的调色。

（1）打开 Photoshop CC 2018，选择一张合适的人物照片，头发比较复杂一点的，也可以自己拍摄，然后在 Photoshop 中打开，如图 16-4 所示，照片打开在软件里的状态如图 16-5 所示。

图 16-4　在菜单栏里选择"文件—打开"

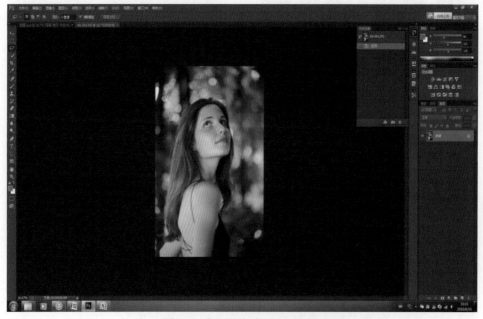

图 16-5　打开图片到 Photoshop 里

（2）执行菜单里"图层—新建调整图层—可选颜色"，创建可选颜色调整图层，对绿色进行调整，参数设置如图 16-6 所示，把黄色参数设置成"-100"，也就是减少了绿色中的黄色信息，把背景颜色转为较暗的青色，效果如图 16-7 所示。

图 16-6　"可选颜色"调整　　　　　　　　　图 16-7　调整背景颜色后

（3）执行 Ctrl + J 把当前可选颜色调整图层复制一层，进一步加深背景部分的颜色。如图 16-8 所示，我们会发现背景的颜色又加深了一些。

（4）背景部分的颜色基本处理好了，现在我们需要加强一下头发部分的颜色。创建可选颜色调整图层，对黄色进行调整，参数设置和最终效果如图 16-9 所示。把头发颜色转为橙红色，这样发丝与背景色差增大，方便后期的抠图。

图 16-8　复制一层调整图层　　　　　　　　　图 16-9　调整发色

（5）按 Ctrl + J 把当前可选颜色调整图层复制一层，进一步的修改一下发色。如图 16-10 所示，我们会发现背景的头发的颜色更加红了一些，与背景区别得更加的明显，这也是为了方便后期抠图。

图 16-10　再次复制调整图层

（6）点击下拉菜单"图层—新建—新建图层"，然后按 Ctrl + Alt + Shift + E 盖印图层，再仔细观察一下，发现发丝周围还有很多忽明忽暗的色块，还需要处理一下，尽量让背景整体一点，如图 16-11 所示。

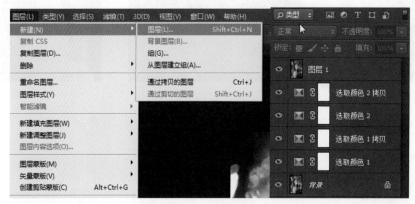

图 16-11　盖章图印

（7）在左侧工具栏选择套索工具，如图 16-12 所示。

图 16-12　用套索工具选择区域

（8）点击菜单"选择—修改—羽化"，适当的羽化一下选区，参数如图 16-13 所示。

图 16-13 羽化选区

2. 步骤二：调整背景颜色

（1）保持选区，点击菜单"图像—调整—替换颜色"，容差设置为 60，选择"图像"，然后用吸管吸取色块中间的颜色，再调整下面的数值，把色块转为更背景主色接近颜色，如图 16-14 所示。这些细节处理是非常重要的，不然通道处理的时候会很难处理。同时用选区来控制范围也是必要的，避免影响头发区域。

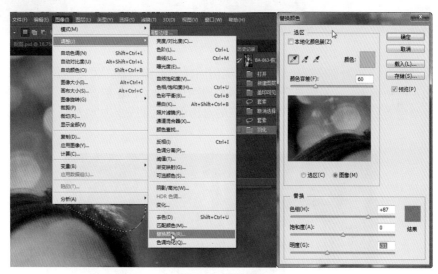

图 16-14 替换颜色

（2）用套索选区右侧脸部旁边的高光区域，选区羽化 10 个像素，如图 16-15 所示。

图 16-15 用套索工具选择区域

（3）再次点击菜单"图像—调整—替换颜色"，这次容差设置稍微大一点，再用吸管吸取高光背景颜色调整，参数及效果如图 16-16 所示。高光部分完美的被除去，如果高光部分较多的话，可以多选择几次，这样的目的还是让头发和背景颜色最大限度的区分开，让背景的颜色尽量的统一。

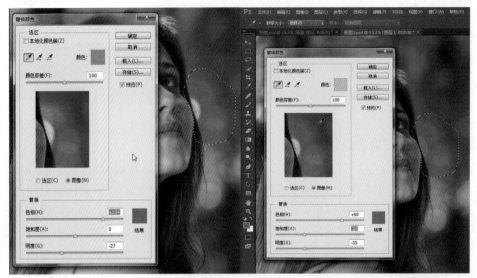

图 16-16　替换颜色

（4）其他部分的如果有反差比较大的色块用同样的方法处理，发丝周围杂色一下少了很多，抠图相对就精确很多。最终处理完的效果和原图比较如图 16-17 所示，对比后发现处理后的图片背景颜色变了，也更统一，头发和背景的对比更加的明显，这些都是为了后期抠图更加精确需要的。

图 16-17　原图和处理后的图对比

3. 步骤三：利用通道抠图

（1）点击通道面板，把红色通道复制一层，如图 16-18 所示。前期我们把发丝的颜色调成了红色，是因为红通道的发丝颜色是最亮的，同时红通道中的发丝保留精度也是非常好的，这跟通道原理一致。

图 16-18　复制红色通道

（2）对红色副本通道进行色阶处理，按 Ctrl + L 调出"调整色阶"对话框，把暗部变暗，中间调也稍微变暗，高光部分稍微加强，参数及效果如图 16-19 所示。

图 16-19　调整红色通道的色阶

（3）在工具栏选取画笔工具，用黑色画笔把不需要的部分涂成黑色，效果如图 16-20 所示，发丝非常清晰。

（4）按住 Ctrl 键点击缩略图中的红副本通道载入选区，如图 16-21 所示。

图 16-20　再增加一个曲线调整图层加强高光　　　　　　　　图 16-21　载入选区

213

（5）然后点 RGB 通道，返回图层面板，选择背景图层，按 Ctrl＋J 把选区部分的图像复制到新的图层。在背景图层上面新建一个图层填充绿色，其他图层可以隐藏，如图 16-22 所示。

（6）把背景图层复制一层，移到绿色图层上面，用钢笔工具勾出人物轮廓，然后添加图层蒙版，效果如图 16-23 所示。

图 16-22　复制并新建图层

图 16-23　可选颜色参数

（7）如果感觉边缘还是比较生硬的话，还可以使用工具栏里面的模糊工具，如图 16-24 左图所示，设置好合适的画笔大小之后在人物的边缘反复涂抹来调整人物的虚实效果，让人物与背景自然的过渡，涂抹的次数越多越模糊，如图 16-24 右图所示，也可以和模糊工具交替使用直至达到满意的效果为止。

（8）最后再调整一下细节和需要的背景，最终效果如图 16-25 所示。

图 16-24　调整边缘

图 16-25　最终效果

4. 步骤四：保存结果

参照之前学过的方法，保存结果文件。

练一练

选择一张头发比较复杂的照片，用本任务学到的方法抠图，并且合成到新的背景中。

相关知识与技能点 1——匹配颜色

"匹配颜色"命令可匹配多个图像之间、多个图层之间或者多个选区之间的颜色，它还允许你通过更改亮度和色彩范围以及中和色痕来调整图像中的颜色，"匹配颜色"命令仅适用于 RGB 模式。"匹配颜色"命令将一个图像（源图像）中的颜色与另一个图像（目标图像）中的颜色相匹配。当您尝试使不同照片中的颜色保持一致，或者一个图像中的某些颜色（如肤色）必须与另一个图像中的颜色匹配时，"匹配颜色"命令非常有用。除了匹配两个图像之间的颜色以外，"匹配颜色"命令还可以匹配同一个图像中不同图层之间的颜色。

1. 匹配两个图像之间的颜色

（1）在源图像和目标图像中建立一个选区。如果未建立选区，则"匹配颜色"命令将匹配图像之间的全部图像统计数据。

（2）使要更改的图像处于现用状态，然后选取"图像">"调整">"匹配颜色"。如果要将"匹配颜色"命令应用于目标图像中的特定图层，请确保在选取"匹配颜色"命令时该图层处于活动状态。

（3）在"匹配颜色"对话框中，从"图像统计"区域中的"源"菜单中，选取要将其颜色与目标图像中的颜色相匹配的源图像。当你不希望参考另一个图像来计算色彩调整时，请选取"无"，在选择了"无"时，目标图像和源图像相同。如有必要，请使用"图层"菜单从要匹配其颜色的源图像中选取图层。如果要匹配源图像中所有图层的颜色，则还可以从"图层"菜单中选取"合并的"。

（4）如果你在图像中建立了选区，请执行下列一项或多项操作：

1）如果要将调整应用于整个目标图像，请在"目标图像"区域中选择"应用调整时忽略选区"。此选项会忽略目标图像中的选区，并将调整应用于整个目标图像。

2）如果你在源图像中建立了选区并且想要使用选区中的颜色来计算调整，请在"图像统计"区域中选择"使用源选区计算颜色"。取消选择该选项以忽略源图像中的选区，并使用整个源图像中的颜色来计算调整。

3）如果在目标图像中建立了选区并且想要使用选区中的颜色来计算调整，请在"图像统计"区域中选择"使用目标选区计算调整"。取消选择该选项以忽略目标图像中的选区，并通过使用整个目标图像中的颜色来计算调整。

（5）要自动移去目标图像中的色痕，请选择"中和"选项。确保选中"预览"选项，以便图像在你进行调整时得以更新。

（6）要增加或减小目标图像的亮度，请移动"亮度"滑块，或者在"亮度"框中输入一个值，最大值是 200，最小值是 1，默认值是 100。

（7）要调整目标图像的色彩饱和度，请调整"颜色强度"滑块，或者在"颜色强度"框中输入一个值，最大值为 200，最小值为 1（生成灰度图像），默认值为 100。

（8）要控制应用于图像的调整量，请移动"渐隐"滑块，向右移动该滑块可减小调整量。

（9）最后点击"确定"。

2. 匹配同一图像中两个图层的颜色

（1）在图层中建立要匹配的选区。将一个图层中的颜色区域（例如，面部肤色）与另一个图层中的区域相匹配时，可以使用此方法。

如果未建立选区，则"匹配颜色"会对整个源图层的颜色进行匹配。

（2）确保要成为目标的图层（要应用颜色调整的图层）处于现用状态，然后选取"图像">"调整">"匹配颜色"。

（3）在"匹配颜色"对话框中的"图像统计"区域的"源"菜单中，确保"源"菜单中的图像与目标图像相同。

（4）使用"图层"菜单选取要匹配其颜色的图层。如果要匹配所有图层的颜色，还可以从"图层"菜单中选取"合并的"。

（5）如果在图像中建立了选区，请执行下列一项或多项操作。

1）如果要将调整应用于整个目标图层，请在"目标图像"区域中选择"应用调整时忽略选区"。此选项将忽略目标图层中的选区，并将调整应用于整个目标图层。

2）如果在源图像中建立了选区并且想要使用选区中的颜色来计算调整，请在"图像统计"区域中选择"使用源选区计算颜色"。取消选择该选项以忽略源图层中的选区，并使用整个源图层中的颜色来计算调整。

3）如果只想使用目标图层中选定区域的颜色来计算调整，请在"图像统计"区域中选择"使用目标选区计算调整"。如果要忽略选区并使用整个目标图层中的颜色来计算调整，请取消选择该选项。

（6）要自动移去目标图层中的色痕，请选择"中和"选项。确保选中"预览"选项，以便图像在你进行调整时得以更新。

（7）要增加或减小目标图层的亮度，请移动"亮度"滑块，或者在"亮度"框中输入一个值，最大值是 200，最小值是 1，默认值是 100。

（8）要调整目标图层中的颜色像素值范围，请调整"颜色强度"滑块，或者在"颜色强度"框中输入一个值，最大值为 200，最小值为 1（生成灰度图像），默认值为 100。

（9）要控制应用于图像的调整量，请调整"渐隐"滑块，向右移动该滑块可减小调整量。

（10）最后点击"确定"。

相关知识与技能点 2——替换颜色

Photoshop 提供了多种用于替换对象颜色的技术。要获得最大的灵活性和最佳的效果，可以对所选对象应用"色相/饱和度"调整。如果对灵活性要求不高，而只需提供一组方便的选项，则可以使用"替换颜色"对话框。如果注重速度而对精确度要求不高，则可以使用"颜色替换"工具。

1. 将色相/饱和度调整应用于所选对象

（1）选择要更改的对象。使用"快速选择"工具通常可以产生令人满意的效果。

（2）在"调整"面板中，单击"色相/饱和度"图标。此时，选区便成为调整图层上的蒙版。

（3）在"属性"面板中，更改色相和饱和度设置以替换对象的颜色。如果用原始颜色对新颜色进行着色，请选择"着色"，然后重新调整设置。

（4）如有必要，可以通过在蒙版上绘制白色或黑色来扩大或减少受影响的区域。

2. 使用"替换颜色"对话框

（1）选取"图像">"调整">"替换颜色"。

（2）如果你正在图像中选择相似且连续的颜色，则选择"本地化颜色簇"可构建更加精确的蒙版。

（3）选择一个预览选项。

"选区"：在预览框中显示蒙版。被蒙版区域是黑色，未蒙版区域是白色。部分被蒙版区域（覆盖有半透明蒙版）会根据不透明度显示不同的灰色色阶。

"图像"：在预览框中显示图像。在处理放大的图像或仅有有限屏幕空间时，该选项非常有用。

（4）若要选择你希望替换的颜色，请使用吸管工具 🖊 单击图像或预览框，以选择蒙版曝光的区域。

（5）若要调整选区，请执行以下任意操作。

按住 Shift 键并单击或使用"添加到取样"吸管工具 🖊 来添加区域。

按住 Alt 键并单击 (Windows)、按住 Option 键并单击 (Mac OS) 或使用"从取样中减去"吸管工具 🖊 来删除区域。

单击"选区颜色"色板以打开"拾色器"，使用拾色器选择要替换的颜色。当你在拾色器中选择颜色时，预览框中的蒙版会更新。

（6）拖动"颜色容差"滑块或输入"颜色容差"值可控制相关颜色在选区中的比重。

（7）通过执行以下任一操作来指定替换的颜色。

拖移"色相""饱和度"和"明度"滑块（或者在文本框中输入值）。

双击"结果"色板并使用拾色器选择替换颜色。

（8）单击"存储"以存储设置，以便日后可为其他图像载入。

3. 使用颜色替换工具

（1）选择"颜色替换工具" 🖌。如果"颜色替换工具"不可见，请按住"画笔工具"访问该工具。

（2）在选项栏中，选取画笔笔尖。通常，你应保持将混合模式设置为"颜色"。

（3）对于"取样"选项，选取下列选项之一。

"连续"：在拖动时连续对颜色取样。

"一次"：只替换包含你第一次单击的颜色的区域中的目标颜色。

"背景色板"：只替换包含当前背景色的区域。

（4）从"限制"菜单中，选择以下选项之一。

"不连续"：替换出现在指针下任何位置的取样颜色。

"连续"：替换与紧挨在指针下的颜色邻近的颜色。

"查找边缘"：替换包含取样颜色的连接区域，同时更好地保留形状边缘的锐化程度。

（5）对于"容差"，如果选择较低的百分比，则替换与所单击像素非常相似的颜色；如果选择较高的百分比，则替换范围更广的颜色。

（6）要为所校正的区域生成平滑的边缘，请选择"消除锯齿"。

（7）选取用于替换不需要的颜色的前景色。

（8）在图像中单击要替换的颜色。

（9）在图像中拖动可替换目标颜色。

相关知识与技能点 3——调整可选颜色

可选颜色校正是高端扫描仪和分色程序使用的一种技术，用于在图像中的每个主要原色成分中更改印刷色的数量。你可以有选择地修改任何主要颜色中的印刷色数量而不会影响其他主要颜色。例如，可以使用可选颜色校正显著减少图像绿色图素中的青色，同时保留蓝色图素中的青色不变。即使"可选颜色"使用 CMYK 颜色来校正图像，也可以在 RGB 图像中使用它。

（1）确保在"通道"面板中选择了复合通道。只有在查看复合通道时，"可选颜色"调整才可用。

（2）执行下列操作之一。

1）单击"调整"面板中的"可选颜色"图标 ◿。

2）选取"图层" > "新建调整图层" > "可选颜色"，在"新建图层"对话框中单击"确定"。

（3）执行下列操作之一。

1）选择你想从"属性"面板的"颜色"菜单调整的颜色，也可以选择你已经保存的预设。

2）在"属性"面板中，从"预设"菜单中选择"可选颜色"预设。

（4）在"属性"面板中选择一种方法：

"相对"：按照总量的百分比更改现有的青色、洋红、黄色或黑色的量。例如，如果你从 50% 洋红的像素开始添加 10%，则 5% 将添加到洋红，结果为 55% 的洋红（50%×10% = 5%）。该选项不能调整纯反白光，因为它不包含颜色成分。

"绝对"：采用绝对值调整颜色。例如，如果从 50% 的洋红的像素开始，然后 10%，洋红油墨会设置为总共 60%。

任务 17　证件照的制作

　　每次去照证件照都手忙脚乱的打扮半天，去到照相馆经常又发觉落了这落了那的，而且拍一张标准证件照的花费也并不便宜，效果也不一定尽如人意。在日常生活中，我们办各种证件都需要照片，而且经常需要不同规格和颜色的照片，接二连三的往照相馆跑也很浪费时间，本任务教你如何把一张美美的普通照片通过简单几步变成一张符合要求的标准证件照，并且自己打印出来。

 学习目标

　　完成本训练任务后，你应当能（够）：
- 会打开、新建、保存、打印等 Photoshop 文档的基本操作。
- 会设置文档参数。
- 会简单使用钢笔等绘图工具。
- 会新建、拷贝图层。
- 会运用 Photoshop 制作证件照。
- 了解图像处理的基础知识（什么是位图与矢量图、像素与分辨率、图像的颜色模式等）。
- 了解图像的基本编辑方法。
- 了解图像的绘制基础知识（路径、绘图工具）。

　　在 Photoshop 中把一张普通的照片变成一张证件照，看似简单，但是这里有许多知识点和技巧，如背景处理、排版布局等，每一个步骤都有其中的窍门和经验。

　　通过原图（见图 17-1）跟处理后图片（见图 17-2）的比较，我们可以看出差别：图 17-2 已经符合证件照的要求，1 英寸证件照尺寸：25mm×35mm 在 5 寸相纸（12.7 厘米 ×8.9 厘米）中排 8 张，分辨率为 300dpi。

图 17-1　原图　　　　　　　　　　图 17-2　处理后的一寸照

　　从上面分析可知，将图 17-1 所示的原图修复成图 17-2 所示的符合标准的证件照，通常需要如图 17-3 所示几个步骤。

图 17-3　步骤流程图

示范操作

1. 步骤一：选择照片

打开 Photoshop CC，选择一张自己比较满意的正面照片，注意要表情自然，面部清晰的照片，然后在 Photoshop 中打开，如图 17-4 所示，在文件夹中找到自己的照片选择"打开"，如图 17-5 所示，注意照片一定要尽量选择清楚的，分辨率高的。照片打开在软件里的状态如图 17-6 所示。

图 17-4　在菜单栏里选择"文件—打开"

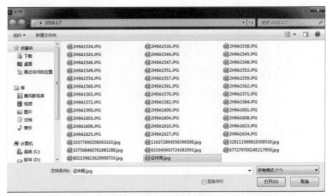

图 17-5　在调出的对话框找到自己选好的照片，点击"打开"按钮

图 17-6　打开照片到 Photoshop 里

2. 步骤二：裁切图片

现在的照片离证件照的要求还很远，如背景杂乱，颜色和尺寸也不正确，需要先把照片裁切一下以符合证件照的要求。在制作证件照时，有的人喜欢先裁剪，然后再调整大小，其实完

全可以一步到位。

（1）在工具面板中选择裁切工具，如图 17-7 所示，然后在属性面板中选择"宽 × 高 × 分辨率"的选项，将宽度设成 2.5cm，高度设成 3.5cm，分辨率设成 300 像素 / 英寸。

（2）用鼠标在照片上直接拉出你要裁剪的范围，选定范围以后双击裁剪区域或者按一下回车键即可，如图 17-8 所示。

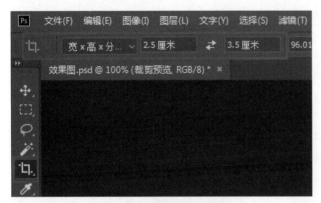

图 17-7 选取裁切工具设置参数　　　　　图 17-8 选择好要裁切的范围，按"Enter"键确认

3. 步骤三：把人物从背景分离出来

枯燥乏味的抠图，把人物从复杂的背景中分离，是平面设计的基础和基本功，也是处理各种后期效果的基础。针对不同复杂程度的图片，前面的任务我们学习了好几种抠图方法，在这个任务中我们使用的是钢笔抠图，适合头发不太长，不太复杂的人物图片。

（1）在工具栏选择钢笔工具，用钢笔工具勾出清晰边缘的轮廓，在头发的边缘区域我们只需要勾出一个大概，细节稍后处理，如图 17-9 所示。钢笔抠图有许多使用技巧，钢笔工具包括钢笔工具、添加锚点工具、删除锚点工具、转换点工具、自由钢笔工具。虽然名称不同，使用的时候都是配合严整的一套工具，只有灵活运用这些工具才能绘制出更为复杂的路径，需要多多练习，熟能生巧。

图 17-9 用钢笔工具抠出轮廓

（2）执行快捷键 Ctrl+Enter 将路径转换为选区，如图 17-10 所示。执行 Shift+F6 羽化
0.2px 避免产生生硬的边缘，在软件第一排菜单里面选择"图层—新建—通过拷贝的图层"，复
制选区部分到新的图层。观察一下右侧的图层菜单，如图 17-11 红色选框部分所示，这时候已
经新建了一个图层。

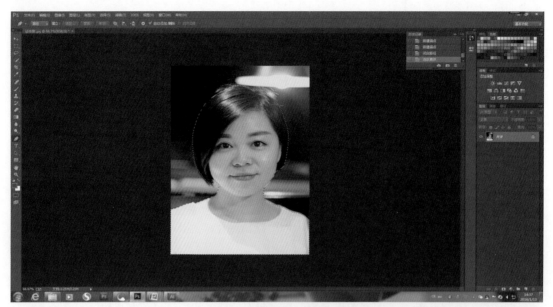

图 17-10　将路径转化为选区

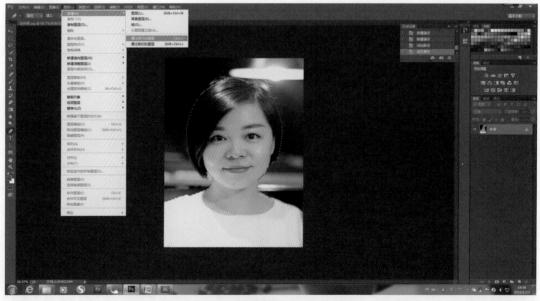

图 17-11　复制选区部分到新的图层

（3）这时我们观察一下右下的图层菜单，现在一共有两个图层，一个是刚刚新建的人像
图层，一个是原图图层，软件默认为背景层，如图 17-12 所示。可以点击一下两个图层前面的
眼睛符号让图层不可见，再次点击图层又会出现。我们可以分别关闭和打开各个图层来反复观
察，鼠标点击的图层会变成蓝色，表示是当前操作的图层。图层是 Photoshop 的灵魂，所有的
操作都是在图层里完成，在之前的任务中我们也都用到了图层。

图 17-12　图层编辑

（4）点击背景图层，把背景图层变为当前图层，然后在工具栏里点击设置前景色的面板，出现一个前景色对话框，参数设置如图 17-13 所示。执行 Alt+Delete 填充前景色，如图 17-14 所示。同样的，需要更改为红色或者白色背景都可以通过这种方法，因为头像和背景分别在不同的图层上，所以单独修改背景色是不会对人物造成任何影响的。

图 17-13　设置前景色

图 17-14　填充前景色

4. 步骤四：精细修图

现在的照片已经比较接近证件照的要求了，但是我们会发现人物边缘比较生硬，尤其是头发部分非常不自然，需要再调整一下，让照片看起来更加自然。

（1）按住 Ctrl 键，同时用鼠标点击图层 1 的人像，选取人像图层，这时人物边缘会出现流动的虚线，表示人物被选取，执行 Ctrl+Shift+I 反向选取，也就是选取了人物以外的部分，如图 17-15 所示。

（2）羽化人物边缘，让边缘过渡更加自然。在下拉菜单里执行"选择—修改—羽化"，在弹出的对话框里羽化半径选择 1，如图 17-16 所示，然后按两次删除键，现在按 Ctrl+D 取消选取，是不是发现边缘已经柔和许多了？如果觉得还不够的话可以重复上一个步骤，多按几次删除键，删除的次数越多，人物的边缘就会越模糊。

图 17-15　选取人物

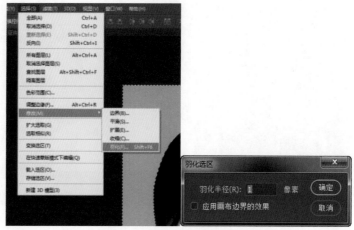
图 17-16　羽化边缘

（3）抠图之后会丢失很多细节，比如发丝，这时候我们可以用涂抹工具来恢复。在工具栏里选择涂抹工具，在头发边缘区域用鼠标涂抹，画出发丝的感觉，如图 17-17 所示。这时候，如果有一个绘图板当然会更方便，并且可以做出多变的头发丝厚度来。如果纯鼠标操作，对于证件照来说也已经足够了。

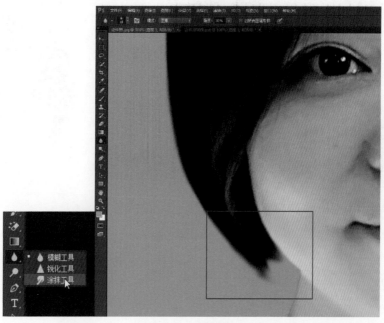
图 17-17　涂抹发丝

（4）如果感觉边缘还是比较生硬的话，还可以使用工具栏里面的模糊工具，调整好画笔的大小之后在人物的边缘反复涂抹来调整人物的虚实效果，让人物与背景自然的过渡。涂抹的次数越多越模糊，如图 17-18 所示。

图 17-18 模糊边缘

（5）这样我们的证件照基本上就完成了，是不是跟照相馆的没有区别？一般证件照都需要留有一定的白边，主要是为了方便后期的裁剪。有的人喜欢用裁剪工具靠感觉来留边，这样很不精确。正确的方法是执行"图像—画布大小"，将画布大小设成3cm×4cm，如图 17-19 所示。

（6）设置完成后点击"确定"，这样照片的边缘有了均匀的白框，如图 17-20 所示。

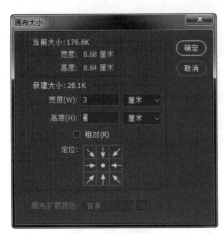

图 17-19 调整画布大小

图 17-20 制作照片打印白边

5. 步骤五：打印照片

（1）打印之前我们需要先给照片排版，一般一张照片打印纸可以打印 8 张一寸照。执行菜单"编辑—定义图案"，将做好的证件照定义成图案，如图 17-21 所示，为了便于后期制作，可以在对话框里重新命名为"证件照"。

图 17-21 将制作好的证件照定义为图案

（2）新建宽度为 12.6cm、高度为 8.7cm、分辨率为 300 像素 / 英寸的白色文档，参数如图 17-22 所示。

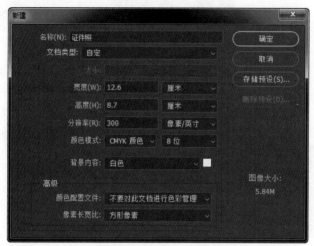

图 17-22　新建一个文档

（3）选择下拉菜单中的"编辑—填充"命令，如图 17-23 所示，然后在自定义图案里面找到刚才我们制作的证件照，点击确定，最后效果如图 17-24 所示。

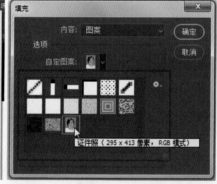

图 17-23　填充图案

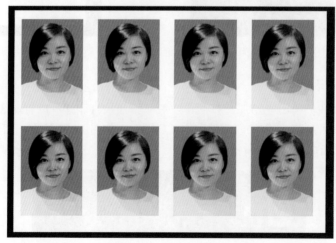

图 17-24　照片排版打印

（4）最后执行"文件—打印"或者直接按"Ctrl+P"打印照片了，如果没有自己打印的条件，也可以直接保存好拿到照相馆去冲印。

练一练

现在我们就来学以致用，选择一张自己美美的生活照制作成证件照，一张 1 寸红色底，一张 2 寸蓝色底，然后排版打印出来。

具体要求如下：

（1）挑选一张自己的正面生活照，要求彩色，画质清晰，基本符合拍摄证件照的要求。

（2）制作一张 1 寸的红底证件照，在 5 寸相纸（12.7cm×8.9cm）中排 8 张，分辨率为 300dpi，红色背景（R：255，G：0，B：0 或 C：0，M：99，Y：100，K：0）。

（3）制作一张 2 寸的蓝底证件照，在 5 寸相纸（12.7cm×8.9cm）中排 8 张，分辨率为 300dpi。蓝色背景（R：0，G：191，B：243 或 C：67，M：2，Y：0，K：0）。

（4）用 A4 的打印纸打印出来，没有彩色打印可以打印黑白图片。

相关知识与技能点 1——钢笔工具

1. 钢笔工具的种类

钢笔工具面板如图 17-25 所示。标准钢笔工具可用于精确绘制直线段和曲线。自由钢笔工具可用于绘制路径，就像用铅笔在纸上绘图一样。磁性钢笔选项可用于绘制与图像中定义的区域边缘对齐的路径。

2. 标准钢笔工具

（1）绘制直线段：使用标准钢笔工具可以绘制的最简单路径是直线，方法是通过单击钢笔工具创建两个锚点。继续单击可创建由角点连接的直线段组成的路径，如图 17-26 所示。

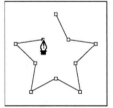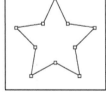

图 17-25　钢笔工具面板　　　　　图 17-26　单击钢笔工具创建直线段

1）选择钢笔工具 。

2）将钢笔工具定位到所需的直线段起点并单击，以定义第一个锚点。

3）再次单击希望段结束的位置（按 Shift 并单击以将段的角度限制为 45°的倍数）。

4）要闭合路径，请将"钢笔"工具定位在第一个（空心）锚点上。如果放置的位置正确，钢笔工具指针 旁将出现一个小圆圈。单击或拖动可闭合路径。

5）若要不闭合路径，按住 Ctrl 键并单击所有对象以外的任意位置。

（2）绘制曲线。

1）选择钢笔工具。

2）将钢笔工具定位到曲线的起点，并按住鼠标按钮。

3）拖动以设置要创建的曲线段的斜度，然后松开鼠标按钮，如图 17-27 所示。

4）若要创建 C 形曲线，请向前一条方向线的相反方向拖动，然后松开鼠标按钮，如图 17-28 所示。

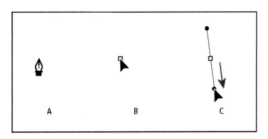

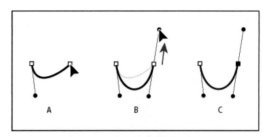

图 17-27　绘制曲线的第一个点

图 17-28　绘制曲线的第二个点

5）若要创建 S 形曲线，请按照与前一条方向线相同的方向拖动。然后松开鼠标按钮，如图 17-29 所示。

6）继续从不同的位置拖动钢笔工具以创建一系列平滑曲线。请注意，应将锚点放置在每条曲线的开头和结尾，而不是曲线的顶点。

7）要闭合路径，请将"钢笔"工具定

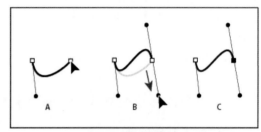

图 17-29　绘制 S 曲线

位在第一个（空心）锚点上。如果放置的位置正确，钢笔工具指针 旁将出现一个小圆圈，单击或拖动可闭合路径。

8）若要不闭合路径，请按住 Ctrl 键并单击所有对象以外的任意位置，或者选择其他工具。

（3）绘制跟有曲线的直线。

1）使用"钢笔"工具单击两个位置的角点以创建直线段。

2）将"钢笔"工具定位在所选端点上。钢笔工具旁边会出现一截短小的斜线或斜杠。若要设置将要创建的下一条曲线段的斜度，单击锚点并拖动显示的方向线，如图 17-30 所示。

3）将钢笔定位到所需的下一个锚点位置，然后单击（在需要时还可拖动）这个新锚点以完成曲线，如图 17-31 所示。

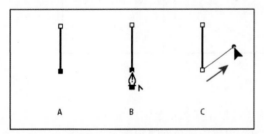

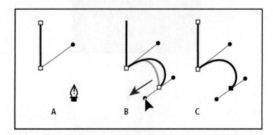

图 17-30　先绘制一条直线段，然后绘制一条曲线段
（第 1 部分）

图 17-31　先绘制一条直线段，然后绘制一条曲线段
（第 2 部分）

（4）绘制跟有直线的曲线。

1）使用"钢笔"工具拖动创建曲线段的第一个平滑点，然后松开鼠标按钮。

2）在需要曲线段结束的位置重新定位"钢笔"工具，拖动以完成曲线，然后松开鼠标按钮。

3）从工具箱中选择转换点工具，然后单击选定的端点可将其从平滑点转换为拐角点。

4）从工具箱中选择钢笔工具，并将它放置在直线段将结束的位置，然后单击以完成此直线段。

（5）绘制由角点连接的两条曲线段。

1）使用钢笔工具拖动以创建曲线段的第一个平滑点。

2）调整钢笔工具的位置并拖动以创建通过第二个平滑点的曲线，然后按住 Alt 键并将方向线向其相反一端拖动，以设置下一条曲线的斜度，松开键盘键和鼠标按钮。

3）将钢笔工具的位置调整到所需的第二条曲线段的终点，然后拖动一个新平滑点以完成第二条曲线段，如图 17-32 所示。

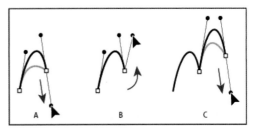

图 17-32　绘制两条曲线

（6）完成路径绘制。

1）若要闭合路径，请将钢笔工具定位到第一个（空心）锚点上。如果放置的位置正确，钢笔工具指针旁将出现一个小圆圈，单击或拖动可闭合路径。

2）若要不闭合路径，请按住 Ctrl 键并单击所有对象以外的任意位置。

3. 自由钢笔工具

（1）选择自由钢笔工具 。

（2）要控制最终路径对鼠标或光笔移动的灵敏度，请单击选项栏中形状按钮旁边的反向箭头，然后为"曲线拟合"输入介于 0.5 到 10.0 像素之间的值。此值越高，创建的路径锚点越少，路径越简单。

（3）在图像中拖动指针。在拖动时，会有一条路径尾随指针，释放鼠标，工作路径即创建完毕。

（4）要继续创建现有手绘路径，请将钢笔指针定位在路径的一个端点，然后拖动。

（5）要完成路径，请释放鼠标。要创建闭合路径，请将直线拖动到路径的初始点（当它对齐时会在指针旁出现一个圆圈）。

相关知识与技能点 2——证件照标准

1. 证件照标准

证件照即各种证件上用来证明身份的照片。证件照要求是免冠（不戴帽子）正面照，照片上正常应该看到人的两耳轮廓和相当于男士的喉结处的地方，背景色多为红、蓝、白三张，尺寸大小多为一寸或二寸。

白色背景：用于护照、签证、驾驶证 、身份证、二代身份证、驾驶证、黑白证件、医保卡、港澳通行证、护照等。

蓝色背景：用于毕业证、工作证、简历等，蓝色数值为 R：0，G：191，B：243 或 C：67，M：2，Y：0，K：0。

红色背景：用于保险、医保、IC 卡、暂住证、结婚照，红色数值为 R：255，G：0，B：0 或 C：0，M：99，Y：100，K：0。

1 英寸 = 2.54cm，我们实际做照片时将 1 寸照片尺寸设成 2.5cm×3.5cm，2 寸照片设成 3.5cm×4.5cm，一般普通照片都是 5 寸的，规格是 12.7cm×8.9cm。

以上数字是最基本要求，拍摄质量越高及文件越大，冲印相片的效果越好。用户如果要经常冲印数码相片，最好先检查相片是否符合上述要求。建议是拍摄时尽量选用"最佳质量"以减少相片细节损耗和确保冲印效果良好。

2. 证件照拍摄要求

证件照要拍得好看，与以下几个方面有关。

（1）摄影师层面（灯光布局、器材、拍摄角度）占到 40% 权重（特别是灯光布局，很重要），技巧：挺起胸膛，让摄影师选择平视的角度来为你拍摄，照片的精神面貌会焕然一新，特别是要强调脖子与锁骨的线条。

（2）人物自身条件，也就是我们说的颜值，以及拍摄时状态，占到 30% 权重（五官、表情、衣着、发型，姿势等），技巧如下。

1）在拍摄时，做吞咽动作，脖子吸气，可以使脖子肌肉与锁骨的线条更好看，而且人的精神面貌也会更好，如果你本身很瘦，可以忽略这一点。

2）略侧身，再加上略微侧脸，可以使脖子与腮部的线条弧度更加优美。

3）可以凭借鼻梁来制造一些阴影，使面部看起来更加立体。

4）不同于僵硬的摆拍，照片可以传递出更丰富的情感。

5）很多人在拍摄的时候喜欢吸腮帮子，可是结果面部肌肉极其不自然，所以，建议尝试露齿微笑。如果你露齿微笑不好看的话，可以试试嘴唇闭合，但是在口腔内牙齿不闭合。

6）略微低头。低头后，下巴会显得更尖一些，并且也可以利用下巴的轮廓来给脖子加上一些阴影，使头部看起来更立体。

（3）后期二次构图与照片后期处理，占到 30% 权重，也就是说颜值不够的话，PS 来凑。

1）降低照片的色彩饱和度，使照片看起来更上档次。

2）后期通过软件来精修眼部，使人物眼神更生动。如果不会软件操作，可在拍摄时，在距离人较远的地方，摆放两张白色的纸张（越大越好），纸张一定要离人脸远一些，否则泛光会使脸扁平。

相关知识与技能点 3——从 Photoshop 打印

1. 打印基础知识

无论是要将图像打印到桌面打印机还是要将图像发送到印前设备，了解一些有关打印的基础知识都会使打印作业更顺利，并有助于确保完成的图像达到预期的效果。

（1）打印类型。对于多数 Photoshop 用户而言，打印文件意味着将图像发送到喷墨打印机。Photoshop 可以将图像发送到多种设备，以便直接在纸上打印图像或将图像转换为胶片上的正片或负片图像。在后一种情况中，可使用胶片创建主印版，以便通过机械印刷机印刷。

（2）图像类型。最简单的图像（如艺术线条）在一个灰阶中只使用一种颜色。较复杂的图像（如照片）则具有不同的色调，这类图像称为连续色调图像。

（3）分色。打算用于商业再生产并包含多种颜色的图片必须在单独的主印版上打印，一种颜色一个印版。此过程（称为分色）通常要求使用青色、洋红、黄色和黑色 (CMYK) 油墨。在 Photoshop 中，你可以调整生成各种印版的方式。

（4）细节品质。打印图像中的细节取决于图像分辨率（每英寸的像素数）和打印机分辨率（每英寸的点数）。多数 PostScript 激光打印机的分辨率为 600 dpi，而 PostScript 激光照排机的分辨率为 1200 dpi 或更高。喷墨打印机所产生的实际上不是点而是细小的油墨喷雾，可产生大约在 300 dpi 到 720 dpi 之间的分辨率。

2. 设置 Photoshop 打印选项并打印

Photoshop 在“文件”菜单中提供下列打印命令。

（1）请选择"文件">"打印"。

（2）选择打印机、份数和布局方向。

（3）在左边的预览区域中，在视觉上调整图像相对于选定纸张大小和方向的位置和缩放。或在右边，设置"位置和大小""色彩管理"以及"打印标记"等的详细选项。

（4）执行下列操作之一。

1）要打印图像，请单击"打印"。

2）要关闭对话框而不存储选项，请单击"取消"。

3）要保留选项并关闭对话框，请单击"完成"。

3. 定位和缩放

（1）在纸上重新定位图像：选取"文件">"打印"，并展开右边的"位置和大小"设置，然后请执行以下操作之一。

1）要将图像在可打印区域中居中，请选择"图像居中"。

2）要按数字排序放置图像，请取消选择"图像居中"，然后输入"上"和"左"的值。

3）取消选择"图像居中"，然后在预览区域中拖动图像。

（2）缩放图像的打印尺寸：选取"文件">"打印"，并展开右边的"位置和大小"设置，然后请执行以下操作之一。

1）要使图像适合选定纸张的可打印区域，请单击"缩放以适合介质"。

2）要按数字重新缩放图像，请取消选择"缩放以适合介质"，然后输入"缩放""高度"和"宽度"的值。

3）要实现所需的缩放，请在预览区域中的图像周围拖动定界框。

4. 打印部分图像

（1）使用"矩形选框"工具，选择要打印的图像部分。

（2）选取"文件">"打印"，并选择"打印选定区域"。

（3）如果需要，通过在打印预览的周边上拖动三角形手柄来调整所选区域。

（4）单击"打印"。

任务 18　制作梦幻的动漫特效

本次任务学习怎样把一张风景照片调制出一种类似电影特效的画面效果。画面暗调以藏蓝色为主，亮部以橙黄色为主，给人一种非常梦幻的感觉。作为综合性较强的进阶任务，我们会用到 Photoshop 的蒙版、调整图层、滤镜等功能，在处理图片的时候，我们可以综合利用 Photoshop 的各种功能，以求达到需要的效果。

 学习目标

完成本训练任务后，你应当能（够）：
● 会使用剪切蒙版合成图片。
● 会使用通道混合器。
● 熟练掌握通道混合器相关知识。
● 掌握剪切蒙版相关知识。

通过原图（见图 18-1）跟处理后图片（见图 18-2）的比较，我们可以看出差别：图 18-1 的光线明显的不足，天空没有层次，并且色调比较昏暗，看起来没有美感，第二张是处理后的照片，天空变成了绚烂的晚霞效果，整个画面色彩也更加丰富，有一种电影特效画面的美感。实际上这个效果是把另一张照片的天空植入进来形成的效果，一张是摄于 2010 年丽江的大研古镇，另一张是 2013 年摄于沙巴的日落，不同的时空同时出现在一个画面上是不是很神奇？这就是 Photoshop 的魅力。

图 18-1　原图

图 18-2　处理后的图片

将图 18-1 所示的原图处理成图 18-2 所示的图，操作流程如图 18-3 所示。

图 18-3　操作流程图

示范操作

1. 步骤一：使用通道混合器调整图片

（1）打开 Photoshop CC 2018，选择一张风景照片打开，如图 18-4 所示。

图 18-4　打开一张图片

（2）在图层面板的底部点击"创建新的调整图层"，选择"曲线"，如图 18-5 所示。

（3）分别对 RGB 和蓝色通道进行调整，参数及效果如图 18-6 所示。调整 RGB 曲线是把图片稍微提亮一点，因为原图偏暗，调整蓝色通道是让照片的整体色调稍微偏冷一点。

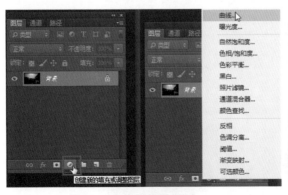

图 18-5　新建曲线调整图层

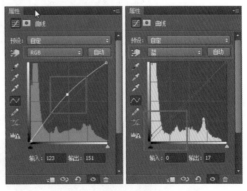

图 18-6　曲线参数设置

（4）按 Ctrl + Alt + 2 调出高光选区，如图 18-7 所示，然后按 Ctrl + Shift + I 反选得到暗部选区。创建曲线调整图层，同样对 RGB，蓝通道进行调整，参数及效果如图 18-7 所示。这一步把图片暗部区域大幅压暗，并增加冷色。

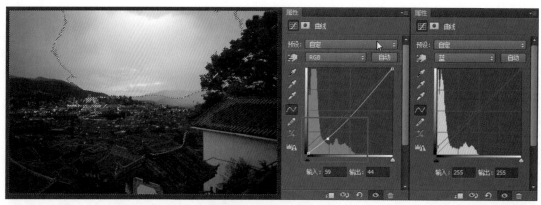

图 18-7　选取暗部并调整曲线

（5）新建一个图层，把前景色设置为深蓝色，参数如图 18-8 所示。

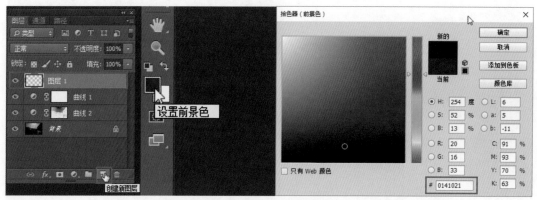

图 18-8　选择"通道混合器"

（6）在工具栏选择画笔工具，然后在顶部的菜单选择第一种柔边圆形画笔，用透明度为 10% 的柔边画笔把图片底部及左右两侧大幅涂暗，效果如图 18-9 所示。

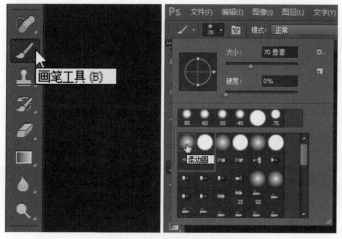

图 18-9　黑白调整图层参数设置

（7）涂抹后的效果如图 18-10 所示。

图 18-10 涂抹暗部

2. 步骤二：进一步调整色调

（1）新建一个图层，用套索工具勾出如图 18-11 所示的选区。

图 18-11 用套索工具勾勒选区

（2）在顶部菜单栏点击"选择—修改—羽化"，在跳出的对话框中设置羽化 50 个像素。如图 18-12 所示。

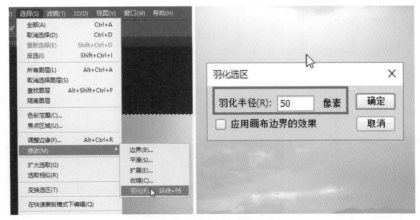

图 18-12 羽化选区

（3）在工具栏点击"设置前景色"，在跳出的拾色器中设置颜色参数：#3B47E1，如图 18-13 所示。

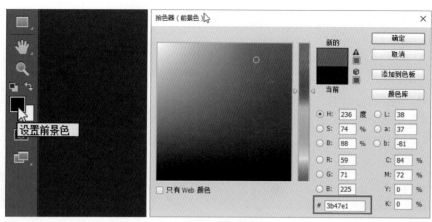

图 18-13　设置前景色

（4）在键盘上同时按"Alt+Delete"键填充前景色，不要取消选区，把混合模式改为"柔光"，效果如图 18-14 所示。

图 18-14　填充前景色

（5）再新建一个图层，把选区填充橙黄色，拾色器颜色参数为：#FBA30A，取消选区后把混合模式改为"柔光"，效果如图 18-15 所示。

图 18-15　调整"可选颜色"参数

（6）按 Ctrl + J 把当前图层复制一层，然后用移动工具往上移动一点距离。这几步给天空与地面交界区域增加暖色，效果如图 18-16 所示。

图 18-16 最终效果

3. 步骤三：制作剪切蒙版

（1）执行"新建—通过拷贝的图层"命令，把背景图层复制一层，然后置于顶层，如图 18-17 所示。

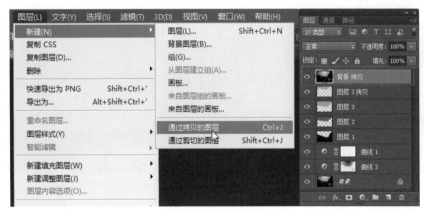

图 18-17 复制背景图层

（2）用快速选择工具把天空部分选出来，也可以用学过的其他方法，效果如图 18-18 所示。

图 18-18 选择天空部分

（3）执行"新建—图层"命令，新建一个图层并填充橙黄色，如图 18-19 所示。

图 18-19   新建图层并填充黄色

（4）打开风景素材图片，然后用移动工具拖入到我们正在编辑的文件窗口，并置顶图层，如图 18-20 所示。

图 18-20   置入风景素材

（5）执行"图层—创建剪贴蒙版"命令创建剪切蒙版，效果图 18-21 所示，天空的图片已经跟原图拼接在一起了。

图 18-21   创建剪切蒙版

（6）执行"图像—调整—色相 / 饱和度"命令，在弹出的对话框中设置"饱和度"为 30，如图 18-22 所示，这样天空的颜色就更加饱满了。

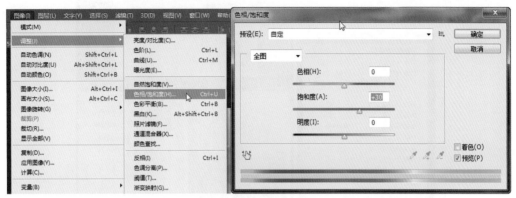

图 18-22　调整饱和度

4. 步骤四：制作光效

（1）新建一个图层，选择椭圆选框工具，用椭圆选框工具拉出一个选区，大小如图 18-23 所示。

图 18-23　用椭圆选框绘制选区

（2）在顶部菜单栏点击"选择—修改—羽化"，羽化 50 个像素，如图 18-24 所示。

图 18-24　羽化选区

（3）执行"编辑—填充"命令，在跳出的对话框中填充橙黄色，如图 18-25 所示。

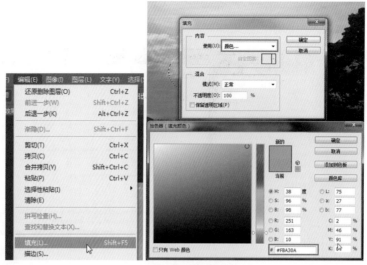

图 18-25　填充颜色

（4）按"Ctrl+D"取消选区，然后在图层面板中把混合模式改为"柔光"，效果如图 18-26 所示，云层中有了光晕的效果。

图 18-26　添加光晕

（5）按 Ctrl + J 把当前图层复制几层，并分别按 Ctrl + T 缩小一点，效果如图 18-27 所示。这几步在天空局部渲染阳光效果，是不是非常炫目？

图 18-27　复制图层

（6）按 Ctrl + Alt + Shift + E 盖印图章。

5. 步骤五：最后调整

（1）新建一个图层，在左边工具栏选择渐变工具，然后在顶部点击"圆形渐变"，如图 18-28 所示。

图 18-28 选择渐变

（2）用圆形渐变拉一个从白色到深绿色的效果，如图 18-29 所示。

图 18-29 填充渐变

（3）把图层混合模式改为正片叠底，效果如图 18-30 所示，这样就给画面增加了暗角的效果。

图 18-30 把图层模式改为"正片叠底"

（4）为了让树的红色和黄色更明亮，天空的蓝色更显得蓝绿幽深，新建一个"可选颜色"图层，分别对每种颜色进行调整，各颜色参数设置如图 18-31 所示。

图 18-31　创建"可选颜色"调整图层

（5）调整后的照片有了动漫的效果，如图 18-32 所示。

图 18-32　调整颜色后的效果

（6）点击图层面板底部的"创建新的调整图层"按钮，增加一个"色彩平衡"的调整图层，意图是亮部更偏红黄，暗部更偏蓝绿，因此我们分别调整色彩平衡面板里面的"高光"和"阴影"，参数如图 18-33 所示。

图 18-33　调整色彩平衡

（7）最后根据图片的不同，我们可以试试再增加色阶、曲线、饱和度等调整图层调整画面，最终效果如图 18-34 所示。

图 18-34 最终效果

6. 步骤六：保存结果

参照之前学过的方法，保存结果文件。

 练一练

自己选 2 ～ 3 张照片，用本任务学到的方法调整色调，合成一张新的图片，要求富有创意，主题可以是动漫、科幻以及其他题材。

 相关知识与技能点 1——通道混合器

1. 通道混合器面板

通道混合器 Photoshop 中的一条关于色彩调整的命令。该命令可以调整某一个通道中的颜色成分。执行"图像—调整—通道混合器"命令，弹出通道混合器对话框，如图 18-35 所示。

（1）输出通道：可以选取要在其中混合一个或多个源通道的通道。

（2）源通道：拖动划块可以减少或增加源通道在输出通道中所占的百分比，或在文本框中直接。输入 −200 到 +200 之间的数值。

（3）常数：该选项可以将一个不透明的通道添加到输出通道，若为负值视为黑通道，正值视。

（4）单色：勾选此选项对所有输出通道应用相同的设置，创建该色彩模式下的灰度图。

图 18-35 通道混合器对话框

2. 通道混合器的使用

（1）执行"图像—调整—通道混合器"命令，打开通道混合器对话框。

（2）选择输出通道，即你所要调节的通道。

（3）向左拖移任何源通道的滑块以减少该通道在输出通道中所占的百分比，或向右拖移以增加此百分比，或在文本框中输入一个介于 -200% 和 +200% 之间的值，如图 18-36 所示。

图 18-36　设置颜色

（4）拖移滑块为"常数"选项输入数值。该选项将一个具有不同不透明度的通道添加到输出通道，如图 18-37 所示。

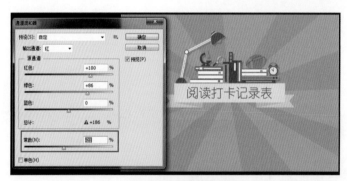

图 18-37　设置常数

（5）如果要想得到灰度图，选择"单色"将相同的设置应用于所有输出通道，创建只包含灰色值的彩色图像。在将要转换为灰度的图像中，可分别调节各源通道与形成灰色的比例。如果先选择再取消选择"单色"选项，可以单独修改每个通道的混合，从而创建一种特殊色调的图像，如图 18-38 所示。

图 18-38　选择单色

（6）点击"确定"完成操作。

在使用通道混合器的过程中，需注意进行加或减的颜色资讯来自本通道或其他通道的同一图像位置。通道混合器只在图像色彩模式为 RGB、CMYK 时才起作用，在图像色彩模式为 LAB 或其他模式时，不能进行操作。

 相关知识与技能点 2——颜色调整

1. 校正图像

（1）使用直方图来检查图像的品质和色调范围，如图 18-39 所示。

（2）确保已打开"调整"面板以访问颜色和色调调整。单击某个按钮访问下列步骤中描述的调整。应用"调整"面板的校正会创建调整图层，这种方法可以增大灵活性，并且不会扔掉图像信息。

（3）调整色彩平衡以移去不需要的色痕或者校正过度饱和或不饱和的颜色，色彩平衡面板如图 18-40 所示。

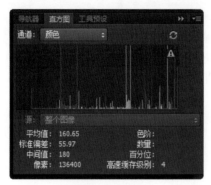

图 18-39　直方图　　　　　　　　图 18-40　色彩平衡调整面板

（4）使用"色阶"或"曲线"调整来调整色调范围，色阶和曲线调整面板如图 18-41 所示。

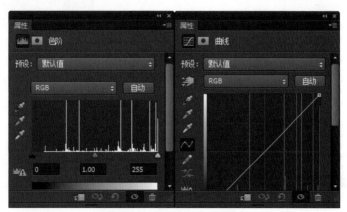

图 18-41　色阶和曲线调整面板

（5）进行其他颜色调整。校正完图像的总体色彩平衡后，你可以有选择地进行调整，以便增强颜色或产生特殊的效果。

（6）锐化图像边缘。作为最后的步骤之一，使用"USM 锐化"或"智能锐化"滤镜以锐化图像的边缘清晰度。图像所需的锐化量因你使用的数码相机或扫描仪所生成的图像品质而异。执行"滤镜—锐化+USM 锐化",命令,调出 USM 锐化命令对话框,如图 18-42 所示。

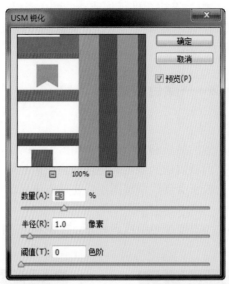

图 18-42　USM 锐化对话框

(7)针对打印机或印刷特性调整图像。可以使用"色阶"调整或"曲线"调整中的选项将高光和阴影信息导入到输出设备(如桌面打印机)的色域中。如果将图像发送到印刷机,并且了解印刷机特性时,也可以完成这个步骤。

2. 使用调整面板应用校正

(1)在"调整"面板中单击调整图标,或从面板菜单中选取调整,如图 18-43 所示。

(2)请使用"属性"面板中的控件和选项来应用所需的设置,如图 18-44 所示。

图 18-43　调整面板

图 18-44　可选颜色控制面板

(3)请执行下列操作之一。

1)要切换调整的可见性,请单击"切换图层可见性"按钮 👁。

2)要将调整恢复到其原始设置,请单击"复位"按钮 ↻。

3)要扔掉调整,请单击"删除此调整图层"按钮。

4)要扩展"调整"面板的宽度,请拖动面板的底角。

3. 将校正只应用于下面的图层

（1）在"调整"面板中单击调整图标，或从面板菜单中选取调整。

（2）在"调整"面板中，单击"剪切到图层"按钮 。再次单击图标，将调整应用于"图层"面板中该图层下的所有图层。

4. 储存和应用调整预设

（1）要将调整设置存储为预设，请从"属性"面板菜单中选择"存储预设"选项。

（2）要应用调整预设，请从"属性"面板的"预设"菜单中选取预设。

5. 自动选择文本字段或目标调整工具

从"属性"面板菜单中选择"自动选择参数"或"自动选择目标调整工具"。

6. 颜色调整命令

你可以选择以下色彩调整命令。

自动调整色阶：速校正图像中的色彩平衡。尽管"自动颜色"命令的名称暗示了自动调整，但你还是可以微调该命令的运行方式。

色阶命令：通过为单个颜色通道设置像素分布来调整色彩平衡。

曲线命令：对于单个通道，为高光、中间调和阴影调整最多提供 14 个控点。

曝光度命令：通过在线性颜色空间中执行计算来调整色调。曝光度主要用于 HDR 图像。

自然饱和度命令：调整颜色饱和度，以使剪切最小化。

照片滤镜命令：通过模拟在相机镜头前使用 Kodak Wratten 或 Fuji 滤镜时所达到的摄影效果来调整颜色。

色彩平衡命令：更改图像中所有的颜色混合。

色相 / 饱和度命令：调整整个图像或单个颜色分量的色相、饱和度和亮度值。

匹配颜色命令：将一张照片中的颜色与另一张照片相匹配，将一个图层中的颜色与另一个图层相匹配，将一个图像中选区的颜色与同一图像或不同图像中的另一个选区相匹配。此命令还调整亮度和颜色范围，并对图像中的色痕进行中和。

替换颜色命令：将图像中的指定颜色替换为新颜色值。

可选颜色命令：调整单个颜色分量的印刷色数量。

7. 进行颜色调整

（1）如果要对图像的一部分进行调整，请选择相应的部分。如果没有建立选区，则调整将应用于整个图像。

（2）执行下列操作之一。

1）单击"调整"面板中的调整图标。

2）创建调整图层。

3）双击"图层"面板中现有调整图层的缩览图。

（3）要将图像视图在使用调整和不使用调整之间切换，请单击"属性"中的"切换图层可见性"图标 。

8. 储存调整设置

（1）要存储"预设"菜单中的设置，请从面板菜单中选择"存储预设"选项。该选项只可用于色阶、曲线、曝光度、色相 / 饱和度、黑白、通道混合器以及可选颜色。

（2）要存储"阴影 / 高光"或"替换颜色"图像调整对话框中的设置，请单击"存储"。在"色阶""曲线""曝光度""色相 / 饱和度""黑白""通道混合器"或"可选颜色"图像调整对话框中，从面板菜单选取"存储预设"。输入设置的名称，然后单击"存储"。

9. 再次应用调整设置

（1）从"属性"面板的"预设"菜单中选取调整预设。

（2）在调整对话框中，单击"载入"。置入并载入已存储的调整文件。在"曲线""黑白""曝光度""色相 / 饱和度""可选颜色""色阶"或"通道混合器"对话框中，"预设"菜单中显示已存储的预设。从"预设"选项中选择"载入预设"可从不同位置载入"预设"弹出式菜单中未显示的预设。

（3）要删除默认预设，请导航到下列文件夹，将预设移出文件夹，并重新启动 Photoshop。

Windows：[启动盘]/Program Files/Adobe/Adobe Photoshop [版本号]/Presets/[调整类型]/[预设名称]。

Mac OS：[启动盘]/Applications/Adobe Photoshop [版本号]/Presets/[调整类型]/[预设名称]。

10. 校正 CMYK 和 RGB 颜色

尽管你可以在 RGB 模式下执行所有的颜色和色调校正，而且可以在 CMYK 模式下执行大多数颜色和色调调整，但你还是要仔细选择模式，避免在不同模式之间多次进行转换，因为每次转换都会有一些颜色值会因取舍而丢失。如果图像要在屏幕上显示，请勿将 RGB 图像转换为 CMYK 模式。对于已分离和已打印的 CMYK 图像，请勿在 RGB 模式下进行颜色校正。

如果你必须将图像从一种模式转换到另一种模式，则应在 RGB 模式下执行大多数色调和颜色校正，然后可以使用 CMYK 模式进行微调。在 RGB 模式中工作具有如下好处：

（1）RGB 的通道较少。这样，计算机就会使用较少的内存。

（2）RGB 的颜色范围比 CMYK 的颜色范围更广，并且可能会在调整之后保留更多的颜色。